創見文化，智慧的銳眼
www.book4u.com.tw　　www.silkbook.com

創見文化，智慧的銳眼
www.book4u.com.tw　　www.silkbook.com

創見文化，智慧的銳眼
www.book4u.com.tw　　www.silkbook.com

區塊鏈與元宇宙

虛實共存‧人生重來的科技變局

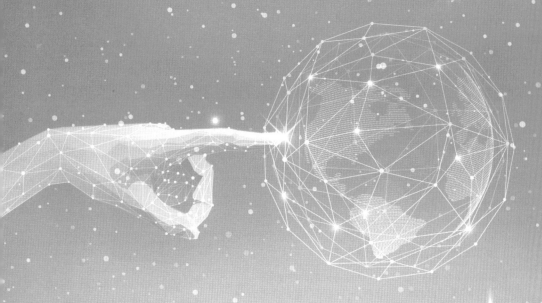

區塊鏈權威　　　區塊鏈專業教練
王晴天　‧　吳宥忠 —— 合著

The New World :
Blockchain & Metaverse

區塊鏈與元宇宙

作者／王晴天、吳宥忠 合著
出版者／元宇宙(股)公司委託創見文化出版發行

總顧問／王寶玲
總編輯／歐綾纖
文字編輯／牛菁　　　　　　　美術設計／蔡瑪麗

台灣出版中心／新北市中和區中山路2段366巷10號10樓
電話／（02）2248-7896　　　傳真／（02）2248-7758
ISBN／978-986-271-928-2
出版日期／2022年3月五版八刷

全球華文市場總代理／采舍國際有限公司
地址／新北市中和區中山路2段366巷10號3樓
電話／（02）8245-8786　　　傳真／（02）8245-8718

全系列書系特約展示門市
新絲路網路書店
地址／新北市中和區中山路2段366巷10號10樓
電話／（02）8245-9896
網址／www.silkbook.com

國家圖書館出版品預行編目資料

區塊鏈與元宇宙：虛實共存.人生重來的科技變局／
王晴天, 吳宥忠合著. -- 初版. -- 新北市：創見文化出
版, 采舍國際有限公司發行, 2022,01 面；公分--
（MAGIC POWER ；16）
ISBN 978-986-271-928-2（平裝）

1.電子商務 2.電子貨幣 3.虛擬實境 4.數位科技

490.29　　　　　　　　　　　　　110020327

王晴天於 2013 年出版的華文第一本《區塊鏈》與吳宥忠 2021 年出版的華文第一本《元宇宙》均已製成 NFT，並順利完成交易。本書《區塊鏈與元宇宙》即為此二書的精華紀念版，也已製成 NFT 在 NFT 交易所交易中。

來自未來的新技術

　　區塊鏈與元宇宙已成為下一個時代的代表，特別是數位資產領域火熱的 NFT 概念，吸引廣泛的關注、研究乃至投資熱潮。元宇宙的出現，將為人們帶來新的生活型態，並在思維和現實生活中造成巨大衝擊與創新，由於網路世界是在現實的基礎上隨著網路發展而出現的，各種財富和交易，都是從線下向線上遷移和推廣。因此，線上身分認證、交易確認與記錄、資金清算等，也就自然地沿用線下規則。

　　但隨著科技的發展成熟和交易的日益頻繁，人們會發現完全沿用線下規則，很難適應和滿足線上的需求，必須有更大的革新乃至革命，來創造出不同於現實世界的全新世界。因此，非常有必要不斷加強和加深對區塊鏈與元宇宙的研究和創新，特別是尋求如何將現實世界的財富向虛擬世界遷移並擴大發展範圍。

　　《區塊鏈與元宇宙》一書，不僅對區塊鏈、元宇宙的概念和原理進行了必要的梳理，更重要的是提供了大量具有典型意義的全球應用案例，突出研究和應用並重，並作為重要的研究結論，提出區塊鏈改變了人類大規模協作和相互認證，及分布式記帳方式、去中心化自治組合和智能合約；元宇宙也將顛覆現代社會架構，重塑社會結構和運行方式。相信，本書會給讀者帶來很多啟發。

上海中歐國際工商學院教授

王人傑 博士

我不是奇葩，他才是！

晴天兄與我相識於高中，我們同為建中高一 24 班同學，當時他的座位就在我旁邊。每次段考我的數學成績幾乎都是滿分，因此其他同學總是以奇葩稱呼我。高分的精妙不外乎不斷練習，我幾乎寫遍了各類的參考書，有的題目寫過多次以後，甚至不須計算就已知道答案。而晴天與我不同，他不須用這種背多分方法，就能在大學聯考的自然組與社會組數學都考滿分，所以他才是奇葩！

原本我以為像他這樣的數理資優生，應該是醫科的料，但沒想到他在高二時，因對文字創作更感興趣，為了主編校刊與其他刊物（還說將來要開出版社），竟然選了社會組就讀！在種種條件的限制下，晴天仍然帶領團隊排除萬難，出版了象徵建中精神的《涓流》等刊物，證明了人定確可勝天，也足見其文學造詣不凡，不愧為當年紅樓十大才子之一。

受到當時「來來來，來台大。去去去，去美國。」的風氣影響，我們各自在完成大學及兵役後前往美國。他當時在西岸的加州大學，而我則是在東岸。完成學業後我留在美國繼續我未竟之志，晴天則選擇回來台灣。

幾年前我與晴天因緣際會碰面，他還在堅持當初的理想，更甚者，他已成為出版業界的巨擘。他不遺餘力的投入文化事業，將美好的文字傳播到世界的各個角落；他創作的字裡行間處處可見那高人一等的

思維，獨樹一格的觀點每每讓讀者流連忘返。

除了聽他述說在出版界的功績外，他也投入到成人培訓的領域中。在獲得當代亞洲八大名師及世界華人八大明師尊榮後，他就期望能領導眾人一起邁向富足的美好人生。我十分推崇他的想法，讀者若想要了解晴天是如何幫助平凡大眾過上財富自由的人生，切莫錯過每年舉辦的世界華人八大明師大會。

晴天兄的最新頭銜為元宇宙（股）公司董事長。不論在台灣或全球的領域內，公司名稱為「元宇宙」，這本身就是不得了的大事！足見晴天兄的布局之遠與思慮之深！

晴天善於觀察這個大而複雜的天地，也樂於分享他自己從生活中覓得的寶藏，這本《區塊鏈與元宇宙》是他生涯中十分精闢的經濟跨足科技領域應用著作，包準讀者能在書中了解區塊鏈和元宇宙將為社會帶來何等變革與商機。

在此祝福各位！

永遠的建雛

沈冰

未來已經來臨，只是尚未流行

在網際網路、大數據時代的滾滾洪流之中，各種思維、理念、技術及模式創新日新月異。人們對大數據都還未徹底理解，網際網路的快速發展，又把人們推向區塊鏈發展應用的新階段。

區塊鏈的發展及其廣闊前景，引起各界的高度重視，區塊鏈作為一個迭代性的重大創新技術、一種全新的底層協議構建模式，將目前運行的網路升級為 2.0 乃至 3.0 版，實現訊息網路轉向價值網路的改朝換代，進而從解決信任問題，加快推動數位經濟發展；從共識共治共享入手到網路治理變革；從破解數據資源流通與安全保護難題入手發展至大數據 AI 系統。區塊鏈的發展應用重構了社會在線上和線下的價值信用體系，以便捷、流動、互認為特徵和標尺，透過廣泛共識和價值分享，形成人類社會在訊息文明時代新的價值尺度量衡，建構一套經濟社會發展以及人們各類活動的新誠信體系、價值體系、秩序規則體系。

而元宇宙需要建構整體的虛擬世界，彼此能在同一個虛擬世界中互通，將實體世界中的人類文明與經濟、社交、身分、資產移轉進到虛擬世界，而且寄望在這個虛擬地球中，維持保障個人的權力與權利，因此虛擬資產、數位分身的權力表彰，正是區塊鏈的私鑰！可以預期，區塊鏈技術將在元宇宙的架構中扮演重要環節，成為元宇宙中的重要基礎。

以人類科技發展方向觀察，元宇宙的形成已是必然，目前人們透過網路觀看資訊等虛擬內容，未來我們將一同進入到網路本身，成為虛擬內容，各種高新科技的演進奇妙地為元宇宙奠定架構，讓人類能大膽期待未來生活將極具科技感。

　　元宇宙將以虛實融合的方式，深刻改變現有社會的組織與運作，形成虛、實共存的新型態生活方式，催生線上、線下一體的新型社會關系，並從虛擬維度賦予實體經濟新的活力。元宇宙固然帶來我們許多的想像，但也可能同時帶來一些以前未能預見的問題，不管怎麼說，科技的變革往往是不可逆的，只會持續前進，但至少在正式來臨前，我們可以先思考一些可能性和問題，做好準備迎接它的到來，並享受其中的好處及樂趣。

　　我已準備好在元宇宙中任意暢遊，你準備好了嗎？

區塊鏈權威

王晴天 博士

王晴天於 2013 年出版的華文第一本《區塊鏈》與吳宥忠 2021 年出版的華文第一本《元宇宙》均已製成 NFT，並順利完成交易。新書《區塊鏈與元宇宙》即為此二書的精華紀念版，也已製成 NFT 在 NFT 交易所交易中。

元宇宙，為人類創造更有意義的人生

　　自從 2017 年開始從事區塊鏈教育培訓以來，我經常思考著一個問題，就是區塊鏈除了虛擬貨幣的應用外，還會在哪個領域發光發熱？而我在 2021 年找到了答案，區塊鏈將會在「元宇宙」裡發光發熱，尤其是鏈圈的落地應用這部分。

　　區塊鏈領域有分為幣圈、鏈圈、礦圈、盤圈，其中幣圈和鏈圈這兩圈的支持者，相互瞧不起對方，鏈圈的人瞧不起幣圈的人，認為幣圈都是在玩金融數字遊戲，賺到的錢都是靠割韭菜所賺取的不當之財；幣圈的人也看不起鏈圈的人，因為鏈圈的人都賺不到錢，老在空談區塊鏈落地應用及不切實際的理想。但沒想到近年 COVID-19 席捲全球，提前讓元宇宙的世界到來，在支撐元宇宙的 4 大支柱裡，區塊鏈科技及延伸的 NFT 技術應用，預計將會在元宇宙裡擔任主角並發光發熱，元宇宙裡 NFT 的數位確權以及虛擬貨幣的價值轉移，應該是區塊鏈獨霸的天下，元宇宙終於讓鏈圈的人看到了一線曙光，期待能倚靠元宇宙的應用，讓鏈圈的支持者揚眉吐氣，一吐這幾年受到的怨氣。

　　雖然目前元宇宙的發展大多停留在概念上，但是也能讓眾人有夠多的想像空間。真實的這個宇宙，經過了數萬年的發展，所有的有限資源都已被佔據，所以轉而開始尋找地球以外的資源，例如馬斯克的 SpaceX 就以火星為標的物，期望幾年後可以移居到火星上，誰也沒想到會有另一個更大的元宇宙搶先為人們帶來希望。

元宇宙這一詞，映入眾人眼前也不過才短短幾個月的時間，但我卻感覺元宇宙發展的速度是真實宇宙的百倍千倍以上，如此快的速度當然會帶來龐大的商機，有商機自然會有嗜血而來的禿鷹詐騙集團，所以市場上已有許多打著元宇宙旗號進行詐騙的廣告，甚至已聽到有受害者產生了。

　　我常說：「錯誤的政策比貪汙更可怕；錯誤的學習比無知更危險」，所以我才想依據我的專業來試著描述元宇宙的一切，希望可以用一個正確的態度來迎向人類有史以來最大的改變，當你了解元宇宙帶來什麼樣的價值、解決什麼樣的問題、創造什麼樣的機會、詐騙用什麼伎倆的時候，面對無所不用其極的詐騙集團你自然不會入坑，更重要的是，在面對未來的元宇宙也能有所準備。人之所以恐懼是因為對即將發生的事一無所知，但當你清楚即將發生的事時，自然就不會感到不知所措，且你還有可能在此劇變下，搶得不少商機。

　　在看此書的讀者們，是何其有幸得以見證元宇宙的到來，不管你是否相信，元宇宙的誕生絕對可以為人類創造更有意義的人生，甚至永生也不再是夢！

區塊鏈專業教練

吳育忠

去中心化數據庫：區塊鏈 Blockchain

網路的下一站
元宇宙 Metaverse

去中心化數據庫
區塊鏈Blockchain

The New World :
Blockchain &
Metaverse

1 | 區塊鏈將開啟 未來世界的大門

　　隨著元宇宙網際網路時代的來臨，網路三大效應持續發酵，未來世界與網際網路也已經產生密不可分的關係，而所謂的網路三大效應分別是「去中心化」、「去邊界化」、「去中間（介）化」，下面簡單舉例來說明何謂「去中心化」、「去邊界化」、「去中間化」。

① 去中心化

　　假設 A 市場發行一種貨幣為 A 幣，其貨幣的統一發行中心就是 A 市場（中心化），這種幣專門用於全國所有市場內的交易。但如果今天 A 市場倒了或是關閉了，那這種所謂的 A 幣便會變得毫無價值，因為統一管理的中心不見了。

　　而所謂的去中心化，即是今天由 A 市場提出一個貨幣概念，經由其他 B、C、D、E 等市場認可後，一同發行出新的貨幣 A 幣，且每個市場都可以管理 A 幣，所以就算今天 A 市場倒了或關了，其他市場依然可以利用 A 幣交易，其貨幣價值依然會存在。而這項議題也就是「區塊鏈」（Blockchain）所探討的重點！

② 去邊界化

在現實生活中，每個國家間都有所謂的邊界，一旦需要越界便要向海關提出相關申請才能獲准進入。但網際網路卻克服了這個設定，達到網路無國界的狀態，今天只要有一台電腦和網路，人們就可以透過網路進入任何國家的網站，甚至是另一個「宇宙」，不需再經過海關的認證。

③ 去中間化

今天假設我要賣一本書，經由書店銷售後才會到讀者手上，這個過程要經過一個中間人，也就是會被收取中介費用，這相當於你所獲得的利潤就變少了。若今天我只需透過網路就可以直接把書賣給讀者，去除掉中介人的部分，這樣我所獲得的收益便會最大化。

🚀 區塊鏈到底是什麼？

自從時序進入 2013 年，「區塊鏈」這個名詞逐漸炙手可熱，成為網路世界的新寵兒。到了 2022 年，舉凡元宇宙、投資理財、運輸製造、休閒餐旅、醫療照護、教育研究、科技製造、資訊軟體等領域，均能與「區塊鏈」掛勾，更加重了它無所不能的形象。

然而，「區塊鏈」概念何以受到各行各業的追捧呢？這些追捧究竟源自於區塊鏈技術中的哪幾項特點呢？區塊鏈的發展，到底改變了哪些和我們息息相關的東西呢？它究竟有什麼優、缺點？現在就讓我

們一同來揭開它神秘的面紗。

從本質上來說，區塊鏈是一種去中心化的資料庫，或者說是一款公共記錄的連續性機制，例如比特幣的使用、帳戶安全的應用等。它是透過建立一本位於網路上公開的公共帳本，由網路上所有的用戶共同在帳本上記錄與核帳，保證了訊息的有效性和不可竄改性。而透過所謂的「區塊鏈」之名，則可推知其本質是「區塊」與「鏈」的融合體。「區塊」又可稱為「數據塊（Block）」，是由一連串與密碼學相關的方法所演算產生的，每個區塊中記錄的網路交易訊息，都能用於驗證該訊息的真實性，並生成下一個區塊，在這種情況下，自然就產生了「鏈（Chain）」。簡而言之，區塊鏈就是一本進階版的「分布式帳本」，這本帳簿能讓所有共同用戶直接查詢其中的訊息，「區塊鏈技術」正是一種利用「去中心化」和「去信任化」方式，讓用戶集體維護帳簿可靠性的技術方案。

舉個例子，以往 A 想付錢給 D，必須經過中心機構 O（銀行或是政府），也就是「中心化交易」。

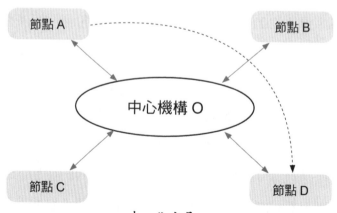

中心化交易。

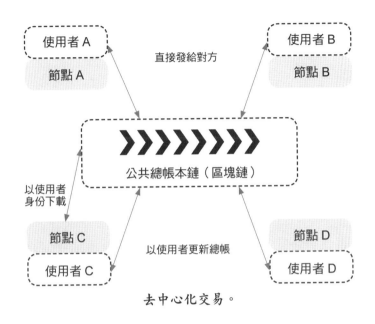

去中心化交易。

　　但現在有了區塊鏈，A 就可以直接和 D 交易，且其他使用者可以一起確認並驗證此項交易的真實性，在公共帳本更新後，所有人再同步更新至最新的帳本即可。

　　區塊鏈將系統的維護（記錄）與監督（核帳）權力下放至每一名使用者手中，並藉由加密來保障交易的真實可信性。所以，在區塊鏈中，使用者無須逐一核對帳本，只要共同維護一本總帳就可以了（相當於每個人都可以看到的公共帳本）。

　　那要如何使用區塊鏈呢？

① 真實性（獨特的數據結構）

　　區塊鏈按照時間順序，將一段時間內的交易區塊經由哈希值（Hash），以鏈狀形式組合成某種特定數據結構。由於這種鏈狀的數

據結構是以密碼學進行演算，因此得以確保訊息的真實性。

② 公開性（去中心化的分布式共享帳本）

此帳本由系統中所有的用戶端共享，系統每進行一次交易，這筆交易訊息都會被記錄，傳送至每個用戶端，並由用戶端上的使用者進行驗證和更新記錄。由於用戶端之間具有「平等」的特性，因此區塊鏈就得以避免中心化衍生的訊息不對稱與信任危機問題。在數據共享的機制下，即使有少數用戶端因故關閉或退出，也不會影響其他使用者帳本，確保了資訊的完整性。

區塊鏈塑造了獨特的訊息透明機制——在交易發生時，區塊鏈上所有使用者都會收到相同的訊息，而所有在區塊鏈上的協議或訊息，都是完全對使用者開放的，無論是哪位使用者，只要花費一點兒時間理解他的區塊鏈系統，都可以摸清該區塊鏈系統運行的邏輯和規則。

③ 共識機制（工作量證明方法）

美國著名的計算機學家萊斯利・蘭波特（Leslie Lamport）曾言：「在分布式通訊中，相互不信任的前提下，處理共識問題是很難的。」這就是著名的「拜占庭將軍問題」。區塊鏈系統則在引入工作量證明方法的情況下，透過採用 POW（工作量證明）、POS（權益證明）、DPOS（股份授權證明）、POOL（驗證池）等共識機制，解決了點對點下的拜占庭將軍共識問題。

● **POW（Proof-of-Work，工作量證明）**：亦即俗稱的「挖礦」。經電腦運算出一個滿足系統規則的隨機數，即可獲得記帳權，並發出需要記錄的數據，供其他節點驗證後再儲存。「礦工」通常可獲得某種獎勵，例如比特幣。

● **POS（Proof-of-Stake，權益證明）**：POW 的一種升級共識機制；根據每個節點所佔代幣的比例和時間；等比例降低挖礦的難度，從而加快找隨機數的速度。

● **DPOS（Delegated Proof-of-Stake，股份授權證明）**：類似於董事會投票，持幣者投出一定數量的節點，代理他們進行驗證和記帳。

● **POOL（驗證池）**：基於傳統的分布一致性技術，加上數據驗證機制；是目前行業鏈大範圍在使用的共識機制。

共識機制	優點	缺點
POW	1. 完全去中心化。 2. 節點自由化。	1. 比特幣已吸引全球大部分的電腦計算能力（算力），其他 POW 共識機制的區塊鏈應用很難有同等的算力來支撐挖礦運算。 2. 挖礦造成大量的資源（尤其是電力）浪費。 3. 達成共識的周期較長，較不適合商業應用。
POS	一定程度上縮短了共識達成的時間。	仍需要挖礦，本質上沒有解決 POW 對於商業應用的痛點。
DPOS	大幅縮小參與驗證和記帳節點的數量，可以達到秒級的共識驗證。	還是過於依賴代幣，很多商業應用是不需要代幣存在的。

POOL	不需代幣也可以工作，在成熟的分布一致性算法（Pasox、Raft）基礎上，實現秒級共識驗證。	1. 去中心化程度不如比特幣。 2. 更適合多方參與的多中心商業模式。

區塊鏈帳本與傳統帳本相比，區塊鏈具有去中心化、開放性、自治性、信息不可竄改、匿名性等特點。

① 去中心化

由於使用分布式帳本進行核算和存取，因此不存在中心化的硬體或管理機構，這也使得區塊鏈系統中任何一個用戶的權利和義務都是均等的，用戶具備共同維護區塊鏈系統的義務。

② 開放性

由於區塊鏈系統具備開放性，因此除了交易雙方的私有訊息會被加密外，系統中其他數據對於所有用戶都是公開透明的。該系統中的任何用戶都可以透過公開的接口，查詢區塊鏈上的數據和開發相關應用，這也使得整個區塊鏈系統中的訊息呈高度透明化。

③ 自治性

區塊鏈採用的是統一的公開透明演算法，使得整個區塊鏈系統中的用戶將原先對「人」的信任，改成了對「機器」的信任，這些用戶皆能在「去（對人的）信任」的環境下自由且安全的交換數據，任何人為干預都無法起到作用。

④ 訊息不可竄改

一旦訊息經過驗證並添加至區塊鏈系統之中，就會被永久儲存，除非有人能說動系統內過半數的用戶修改資訊，否則任何人都不能擅自更動資料庫內容，因此區塊鏈的數據穩定性和可靠性極高。

⑤ 匿名性

用戶之間的交易遵循固定的演算法，其數據交易是完全「去信任」的，區塊鏈系統會自行判斷交易是否有效。因此交易雙方無須通過公開身分的核對，讓對方產生對自己的信任，有益於信用的累積。

綜合上述特點，可以知道區塊鏈是一部透過網路連結而成的「信任機器」，它開源、開放且去中心化。當某個具備區塊鏈特性的項目被認可進入區塊鏈系統後，往往能受到諸多青睞；同時，區塊鏈「去中心化」的特性，也使用戶得以規避遭受假交易、捲款潛逃的風險。這就是「區塊鏈」何以大鳴大放，並受到大眾注目期待的原因。

震驚全世界的第一個區塊鏈應用──比特幣

自網際網路誕生以來，線上電子貨幣交易的理念一直是熱門話題，因它使用方便又不可追蹤，且不受政府和銀行的監管。上世紀90年代，一個名為密碼朋克（Cypherpunk）的自由主義密碼破譯組織就全心投入到創建電子貨幣的項目中，但是一切的努力換來的都是失敗。匿名

「電子現金（Ecash）」系統也在上世紀 90 年代初期由密碼破譯者大衛‧丘姆（David Chaum）所推出，而這種電子貨幣失敗的原因在於它還是依賴於政府和信用卡公司等現有的金融基礎設施。然而之後雖然有比特金（Bit Gold）、RPOW、b-錢（b-money）等多種電子貨幣出現，但都沒有一個獲得全面性的成功，直到比特幣的出現！

對許多人來說，比特幣或許是一個神奇的名詞。筆者猶記得許多人問過：「比特幣（Bitcoin）到底是什麼鬼？」比特幣是一種強調開源、開放、去中心化且全球通用的加密貨幣，這種加密貨幣可以藉由電腦或手機網路，讓世界各國的人與人間與實體世界和元宇宙間，在不計名下使用數位錢幣、電子錢包，甚至整合收付款平台，卻不需要任何政權的背書。而比特幣系統是以對等式網路技術（peer-to-peer，簡稱 P2P）和密碼學維持其安全性。當然，這就是一種區塊鏈的應用。

比特幣自 2009 年 1 月開始發行，它可以在全世界相關的網路上透過電腦、手機等行動裝置供消費者使用，只要賣方願意收持，持有比特幣的買方即可用它向賣方支付所購買的商品或服務，它的功能無異於一種可以當成錢來使用的貨幣。

比特幣必須要透過網路，以及類似於 PayPal 帳戶或虛擬銀行錢包的專屬軟體，才能順利使用。這種比特幣軟體其實也被稱為「錢包」（wallet）軟體，軟體中放的是使用者的帳號私鑰，帳號私鑰是一組密碼，唯有擁有私鑰的人才可以動用帳號內的餘額。

2008 年，中本聰發布一篇名為〈比特幣：一種點對點的電子現金

系統〉的研究論文，文中詳細描述了一種自己發明的新型電子貨幣——比特幣，其原理是利用公開的分布式帳本儲存訊息，此方法廢除了中心化管理，中本聰將其稱之為「區塊」與「鏈」的結合。

🔄 2009 年 1 月 3 日，中本聰發布第一款比特幣軟體和最初「挖出」的 50 枚比特幣，並正式啟動了比特幣金融系統。

🔄 2010 年 4 月，開始交易的前半年，比特幣市值不到 14 美分。

🔄 2010 年 5 月，在比特幣論壇上，一位使用者以 10,000 枚比特幣買兩塊約 25 美元的披薩，成為比特幣的第一筆交易。同年，中本聰逐漸淡出，將系統移交給比特幣社群的其他成員處理。

🔄 2010 年夏天，比特幣受到虛擬市場的牽引，供不應求，網上交易市場的價格開始大幅上漲。

🔄 2011 年 4 月，中本聰發出「要去忙別的事了！」的通知後就消失無蹤，在發表論文以來，中本聰的真實身分便不為外界所知，但筆者曾與其在北京見過面並交談過，他是一位日本的駭（黑）客！

🔄 2011 年 6 月，Gawker 發表文章寫到比特幣很受網上的毒品交易者歡迎，並且在一週之內翻了不止三倍，猛增到 27 美元。所有流通的比特幣的市場總市值已經達到了 1.3 億美元。

🔄 2014 年 2 月，全球最大比特幣交易平台 Mt.gox 停止運營，其網站不能登錄，官方推特中的消息也全部被刪除，多家外媒更是披露了「Mt.gox 擬申請破產，77.4 萬枚比特幣遭竊」的消息。

🔄 2016 年 5 月 2 日，澳大利亞企業家克雷格·史蒂芬·懷特（Craig Steven Wright）公開承認自己就是發明比特幣的中本聰，並於自己

的部落格提出證明，公布了中本聰的加密簽名檔，以及握有第 1 及第 9 區塊等早期比特幣位址的私鑰。但是有些人仍懷疑其身分，因為握有第 1 及第 9 區塊的比特幣位址，只能代表他很早就投入比特幣，不具有絕對說服力的證據，除非他能夠證明自己建立了第 0 區塊，因為這個區塊只有中本聰本人能建立。

- 2017 年 3 月 3 日，比特幣刷新歷史新高，一枚比特幣衝到 1,267 美元，高於每盎司黃金的 1,234 美元，這也是比特幣價格首次超越黃金價格，行情備受矚目，成了投資客眼中的「數位黃金」。這也是比特幣自 2009 年問世以來，首度在最多人使用的報價平台上擊敗金價，寫下新的里程碑。

- 2017 年 4 月，日本電器連鎖巨頭 Bic Camera 開始接受比特幣支付。

- 2017 年 5 月，日廉航樂桃航空宣布年底前開放旅客使用比特幣購買機票，成為日本第一家接受比特幣付款的航空公司。

- 2017 年 7 月 25 日，比特幣期權交易首獲美國商品期貨交易委員會（CFTC）批准。

- 2017 年 8 月 1 日，比特幣區塊進行硬分叉，創造出比特幣現金（BCC 或 BCH，Bitcoin Cash）。

- 2017 年 10 月 11 日，比特幣交易價格突破 5,000 美元，並快速上漲至 5,500 美元以上，之後在 5,500 至 5,700 美元間徘徊。

- 2017 年 11 月 28 日，比特幣價格首次突破 1 萬美元。

- 2018 年 10 月 31 日，比特幣成立 10 周年，此時的交易價格為 6,341.28 美元。

- 2018 年 12 月，比特幣的交易價格較歷史最高點下跌 80% 以上。
- 2019 年 6 月 22 日，比特幣持續反彈，重新回升到 1 萬美元。
- 2019 年 8 月，香港家居用品品牌實惠宣布和時富金融服務集團旗下的鯰魚金融科技（Weever FinTech）及行動支付方 QFPay 合作，成為香港首家全線接受比特幣付款的大型零售連鎖店。
- 2020 年 12 月 17 日：英國資產管理公司 Ruffer Investment Company 將旗下多策略基金（Ruffer Multi-Strategies Fund）約 2.5% 的份額投資比特幣（約 4.5 萬枚比特幣）。
- 2021 年 1 月，比特幣首度衝破 3 萬美元大關。
- 2021 年 3 月，比特幣突破 6 萬美元大關。馬斯克宣布旗下汽車公司特斯拉允許顧客以比特幣購車，但同年 5 月，馬斯克因擔心比特幣挖礦會耗費大量燃料而造成環境污染，因此宣布暫停接受比特幣交易，此貼文發布後，比特幣價格立刻下跌 5% 以上。
- 2021 年 9 月 7 日，中美洲國家薩爾瓦多正式把比特幣列為國家法定貨幣，成為世界上第一個正式把比特幣作為合法貨幣的國家。
- 2021 年 11 月，比特幣達 6.8 萬美元，為元宇宙與真實世界的橋樑？
- 2022 年，比特幣單價破 10 萬美元！

　　想要獲得比特幣，可以有兩種方式——「挖礦」與「交易」。事實上，比特幣的產生是用戶藉由電腦大量運算，參與處理「區塊」中的資訊，找到特定的數字，才能得到一筆獎勵金，因此參與的用戶必須先對哪裡有獎勵進行猜測，這種運作模式與「礦業對地質進行探勘

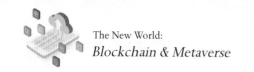

並開採出礦石」的過程類似，這也是比特幣的獲取方式被稱為「挖礦」的主要原因，參與挖礦的用戶也因此被稱為「礦工」，挖礦採用的設備（電腦）則被稱為「礦機」，而藉由 P2P 與「公開通訊協定」（IRC, Internet Relay Chat）開始廣而將礦工挖礦得來的資訊傳播給其他礦工的行為，則是所謂的「廣播」。

至於參與處理「區塊」中的資訊，則可以用「找質數」的概念進行類比。所謂的「質數」就是除了 1 和自己本身之外，找不到其他的數可以將之整除。比特幣系統產生出來的資訊（或者可以說是「題目」），就相當於讓礦工找質數，這類型的題目在前、中期來說相對容易，挖礦進展很快，題目難度雖然逐漸增加，但能獲得的比特幣獎勵也隨之增加，導致越來越多的人們成為「礦工」；但到了中、後期，找出質數越來越困難，礦工勢必得投入更多的時間、金錢等資源，才能獲得更高位的質數。以目前的狀況來說，最大的質數相當於 2 的 74,207,281 次方減 1（$2^{74,207,281-1}$）相當於 22,338,618 位數。

成功「找出質數」或者說是「挖到礦」的礦工，可因此獲得一些比特幣當作區塊獎勵與手續費獎勵。一開始，2009 年的挖礦獎勵是 50 個比特幣，在通過檢驗與確認後，就可以立即發行與交易，但比特幣獎勵還有一條原則，就是挖礦獎勵將按照等比級數每 4 年減半一次，所以 2013 至 2016 年的比特幣挖礦獎勵只剩 25 個比特幣，這也導致比特幣挖礦獎勵的總額是有限的，總量大約是 2,100 萬枚比特幣左右。因為比特幣最小單位是 10^{-8} 元，所以到了 2140 年之後，區塊挖礦獎勵勢必會小於最小單位，也就是屆時挖礦獎勵將只剩下手續費。

當然，電腦的運算能力越快、越強，就越容易挖到礦，以目前的情況來說，大約每挖出 2,016 次礦，系統就會調整挖礦的難度，平均每 10 分鐘可以挖到一次，也就是約兩星期調整難度一次。筆者自身投入挖礦是在比特幣發行的前、中期，由於當時演算法較易，礦機需求條件也沒這麼高，因此也從中獲得了不少比特幣。

　　挖礦需投入大量時間，且系統會自動改變這些數學演算的難度，而難度變化的速度，取決於解題的速度。所以，為了加快挖礦的速度衍生出一個新的挖礦機制──「礦池」。礦池集合了數位，甚至數十、數百位礦工們的運算能力，共同投入挖礦，而挖礦獲得的獎勵，則會根據每位參與礦工的工作量、參與程度，按比例分配礦池的收穫。挖礦也接受資金參與，但每一筆交易資訊都要傳播給所有礦工（與礦池）確認，礦工要根據上次挖到礦的部分資訊與所收到的交易資訊來挖礦，也要幫忙檢驗這些資訊是否正確。

　　另外一種獲得比特幣的方式，則是透過交易，直接向持有比特幣的用戶購買，同時也能將比特幣賣給其他人。

　　比特幣是一種加密的數位貨幣，由電腦控制和儲存，能夠在網路中流動，也是一種支付的方式，可以直接透過網路將錢從某個人傳送到另一個人手上，就好像 Paypal 或是信用卡一樣，它允許你持有、消費或是交換，而且完全不需要經過銀行或是其他中介者，這代表著你將可以省下非常多手續費。

　　你也可以在任何國家使用比特幣，就算是非法的交易，你的帳戶也無法被凍結，而且任何人都可以使用它，完全都沒有使用條件或是

限制。

比特幣好比「現金」與「E-mail」的混合版，交易雙方都必須先擁有一個類似 E-mail 的「比特幣錢包」帳戶，支付方必須透過手機或電腦，設定好收款方的「比特幣位址」後，就能將比特幣匯給對方。比特幣的電子錢包都是可以加密的，加密關鍵就是所謂的「私鑰」。

在密碼學中，與「私鑰」相對的就是「公鑰」，兩者需要配合一起使用。以 E-mail 為例，公鑰類似於公開發布的 E-mail 帳號，私鑰則類似於由私人保管的 E-mail 密碼，若要進入 E-mail 帳戶，兩者缺一不可。

比特幣錢包的位址就是一種「公鑰」，其採用了「Base58 編碼」模式，去除了容易相混的「0、O、i、I」等字元，由其餘 58 個字母和數字所組成。一般來說，比特幣位址是由 27 到 34 個之間的英文或數字所構成的，如「1DwunA9otZZQyhCVCkLW8DV1tuSwMF7r3v」就是一個比特幣位址，但比特幣位址的第一個字元只能是 1 或 3，一般以 1 開頭的比特幣位址只要透過一個私鑰就能使用，而以 3 開頭的，則需多個私鑰幫忙背書才能使用。

比特幣位址和私鑰是成對出現的，它們的關係可以用銀行卡號和密碼來理解。比特幣位址就像銀行卡號一樣，能用來記錄用戶存了多少比特幣在比特幣錢包中。用戶可以隨意用比特幣系統生成位址，而每個位址在生成的同時，也會生成一個私鑰，這個私鑰可以證明該用戶對該位址的所有權，所以私鑰就等同於銀行卡的密碼，唯有知道銀行卡密碼的人，才能使用銀行帳戶上的錢。

比特幣位址生成的私鑰務必牢牢記住，一旦私鑰遺失了，則這把私鑰相對位址的比特幣將會永久遺失，是不能補發的。不過因為比特幣所有的交易紀錄都是完全公開在網路上的，所以就算私鑰遺失了，只要記得比特幣位址，就可以查到該位址裡的比特幣數量，但你只能「看」得到，用不到罷了！

　　比特幣的交易可以透過交易所，或由用戶發起私下進行，比特幣可以用來交換其他貨幣、實物，甚至是服務，例如：能用比特幣購買別墅、觀看球賽、搭乘飛機或環遊世界等。用戶可以透過交易所的交易換得比特幣，也可參與挖礦或礦池營運獲得比特幣，有了比特幣，就可以與更多對象進行更多的交易。

　　然而，每個礦工在電腦設備或網路傳遞速度上都有所差異，這也造成了他們各自收到的交易資訊可能不盡相同。比特幣系統為了平衡此問題，特別設計「檢驗」的機制，強制性地讓成功挖到礦的礦工將新礦資訊與其收到的交易資訊打包成一個區塊，然後傳播給其他礦工檢驗。其他礦工多半會拒絕太新（太多未知區域）或太舊（礦可能都被其他礦工採完）的區塊，並選擇是否從區塊中挑選「心儀」的區塊重新挖掘；若礦工選擇接受已挖到礦的礦工傳來的區塊，並剔除區塊中的交易資訊，在此區塊「落地生根」，那就代表這位礦工已經接受且確認了此區塊。

　　此外，由於比特幣帳本在網路上是完全公開的，所以只要設備能連上網路，無論使用手機還是電腦，任何人都可以免費進行設定比特幣錢包、開戶、挖礦與轉帳交易等操作。儘管轉帳交易原則上是免費

的，但若用戶想更快且更安全的完成交易，就得提交一筆手續費。

　　在比特幣系統中，有所謂的「交易處理優先權」，若支付方同意支付一筆手續費，那該筆比特幣交易的優先度就會提高，匯入收款方比特幣錢包的時間也會提早。此外，比特幣系統也對交易規則訂定了限制，好比如果交易資訊過多（多筆小額比特幣轉入及轉出），那系統就會要求手續費至少需要 0.0001 枚 Btc；且不接受金額小於 0.0000546 枚的交易。

　　無論是傳統實體貨幣，還是電子加密貨幣，若要真正進入全球流通市場，「限量發行」與「匯率波動太大」都會形成障礙。然而，前述已經提到過「比特幣的私鑰若不慎遺失，便不能補發」，這就會造成市場上的比特幣數量持續減少，進而導致通貨緊縮，但比特幣又有「去中心化」的特性，因此無論是哪一國政府，都無法對比特幣系統進行干預或課稅，所以也不能藉此穩定比特幣的匯率。

　　若要消除各國政府的疑慮及比特幣壟斷的問題，最好的方法是讓政府或銀行介入，根據比特幣的流通量或使用人口數，牢牢將比特幣的發行權掌握在手中，藉此穩定匯率，在比特幣用戶習慣了之後，才推出一個線上虛擬組織來穩定匯率，但這樣一來，比特幣最重要的「去中心化」理念也會被打破。實際上，比特幣系統也有很多研擬中的改良方案，例如轉帳金額可以轉換成不同單位，像線上交易「一斤米換一頭羊」，也就是變成虛擬的以物易物。

　　儘管目前各國政府大多未將比特幣合法化，但事實上，在比特幣交易量越來越大的情況下，各國政府勢必得著手對比特幣進行規範，

如立法保障比特幣用戶的權益，或讓司法機關擁有實名調閱權，藉此讓遺忘私鑰的用戶能把比特幣錢包「救」回來。這可說是一種雙贏局面，一方面比特幣能取得政府機關的認同與合法性，另一方面政府也能或多或少的干涉，掌握比特幣的營運規則，穩定比特幣的匯率。

無論「中本聰」是有心還是無意，比特幣這款最早、最知名、市值最高的加密貨幣，已經在歷史上豎立了一個重要的里程碑。其設計雖然略有些缺陷，但是 P2P 方式已經有效證明了「公開透明」與「網路鄉民當家自主」的可行性。

現行比特幣和其他加密貨幣將伴隨著元宇宙永續且普遍的流傳下去，已有許多人開始投入元宇宙這塊新興領域，比特幣本身也正處於逐漸進化之中。筆者在此期待讀者能發明更上乘的開源改革工具，甚至將區塊鏈的 P2P 精神應用到其他領域，為世界帶來更大的福祉。

全世界為什麼都在研究區塊鏈

假如你開過公司、創過業，不管是不起眼的路邊攤、小小的冰淇淋店，還是全國百大企業公司，你都必定會有一本總帳本，記錄著所有的交易明細，而這本總帳本就相當於「區塊鏈」。區塊鏈可說是變革性科技的基礎，包括英國政府、全球各大銀行和美國德拉瓦州政府都在研究如何整合運用這項科技。

2016 年比特幣神秘創辦人「中本聰」真身出現，再次引發世人

對這種知名加密貨幣的關注。但越來越多金融科技專家一致認為，比特幣系統背後的基礎原理——「區塊鏈」技術，比比特幣擁有更大的發展潛力，足以改變我們的生活方式。

　　區塊鏈的擁護者持續宣揚區塊鏈的高品質、低成本與安全性，也吸引了世界各國政府與跨國企業財團的興趣，開始著手探索運用區塊鏈於交易匯整，甚至是其他領域的可行性。試想，若有一本網路帳本記載了全球的每一筆交易，用戶在其中都是一串代碼，可以藉由匿名性保護個人隱私，而帳本的內容是完全對其他帳本的用戶公開，並可以委由他們協助檢查、驗證的監督業務，而帳本本身沒有所屬機關或組織團體，是完全中立的，這就是區塊鏈未來應用的基本藍圖。以下列出區塊鏈的幾點優勢。

① 資訊不可竄改，更加安全

　　在傳統訊息系統的安全方案中，安全性與層層設防的進出控制具有高度相關，以深埋地下的銀行金庫為例，高價值數據儲存於專用的機房中，並在專用的網路與全方位的安全軟體組成的鐵桶陣嚴密防護之下，而用戶的進出接口則是在鐵桶陣上開出的一個個專用的進出通道。任何人透過專用通道進入資料庫都必須經過身分認證，並留下歷史紀錄。

　　保護財產安全，通常有兩種途徑——「藏起來」或「對外宣告所有權」。「藏起來」包括將黃金或錢財儲存於銀行中，並透過各種方式確保唯有所有者才能拿到；「對外宣告所有權」則包括透過法律背

書，為房產立下所有權狀，進而確保所有者對房屋的所有權。傳統安全方案是第一種思路，區塊鏈則屬於第二種。透過區塊鏈技術，記錄交易的資料庫任何人都可以共享與查看，但由於其巧妙的設計，並以密碼學和共識演算法輔助，因而實現了歷史記錄不可竄改的可能性。

② 異構多活，高可用性

從區塊鏈系統的架構來看，每個用戶都是一個異地多活的節點，而每個節點都會維護一個完整的數據庫，且這些數據庫則會透過共識演算法保持內容是一致的。若某個節點遇到網路斷線、硬體故障、軟體錯誤，甚至是被駭客操控等問題，也不會影響到整體系統及其他的節點。出了問題的節點只要排除故障，並完成數據同步之後，便可隨時再加入到系統中繼續工作。

正因整個區塊鏈系統的正常運轉不依賴個別節點（或中央伺服器），所以不會因為個別節點的失效而癱瘓，區塊鏈系統的每個節點都可以隨時進出，並隨時進行系統例行維護，同時，還能保證整個系統 24 小時不間斷的工作。

此外，區塊鏈中的節點也透過 P2P 的點對點通訊協議進行相互溝通，在保證通訊協議一致的情況下，不同節點可由不同的開發者，以不同的程式語言、相異的架構，來實現不同版本的全節點交易處理。由此構成的軟體異構環境，確保了即便某個版本的軟體出現問題，區塊鏈的整體網路也不會受到影響，這亦是其高可用性的基礎所在。

③ 新型分工機制，更高效率

企業財團間的大規模分工，在區塊鏈應用之前，通常只有兩種解決方法——「在主體間找出共同『上級』」或「主體共同組建『第三方機構』」。

「在主體間找出共同『上級』」的這種模式，需要建立在各個主體對於「上級」的共同信任感之下，「上級」才能據此對整個組織進行協調分工。這種方法是有其局限性的：在部分企業遭遇的情境中，很難找到一個所有市場參與主體均共同認可的信任中心，因無論這個中心多麼快捷、高效，協調事務必然有先後順序，不一定能夠及時、有效的滿足所有分工需求。

「主體共同組建『第三方機構』」的模式則需要讓所有參與主體讓渡部分權利，藉此使第三方機構掌握部分權利，進而完成分工。這種方法也是有其局限性的：第三方機構多半具有獨立性，若制度不能滿足其營利和管理需求，往往會成為各參與方的實際權力中心。且在第三方機構成立後，吸納新成員與隨情況發展平衡各參與主體間的角色和權力，都依賴於大量的談判和交易，需耗費極其大量的時間與金錢。

然而，區塊鏈系統有別於以上傳統的兩種方法，它以對等方式把參與主體相連，由參與主體共同維護同一個系統，透過共識機制和智能合約來共同制定分工規則，實現更有彈性的分工方式。因參與主體所需肩負的職責明確，也不必向第三方機構讓渡權力，亦無需維護第三方信任機構的成本，因而更加有利於各方面更好地開展分工。所以

可以確定的是，區塊鏈作為信任機器，有望成為低成本、高效率的全新分工模式，形成更大範圍、更低成本的新分工機制。

④ 智能合約，更加先進

智能合約（Smart Contracts）具有透明化、可信任、自動執行、強制履約等優點。儘管如此，自美國計算機科學家尼克‧薩博（Nick Szabo）於 1993 年提出，在區塊鏈技術問世以前，智能合約始終停滯在理念層面，難以有所進展。原因在於，長久以來都缺乏支持可信任代碼運行的環境，無法實現自動強制執行，而「區塊鏈」第一次讓智能合約的構想成真。

本質上來說，智能合約就是運行在區塊鏈上的一段代碼，它和運行在伺服器上的代碼並沒有太大的區別，唯一的區別是可信度更高。首先，信任感是建立在智能合約代碼透明公開的特性上，對於用戶來講，只要能加入區塊鏈中，用戶就可以看到編譯後的智能合約，也可以對代碼進行檢查和審計。其次，信任感也來源於智能合約一致性且不可竄改的運行環境。

一個程序的運行結果除了需透明公開外，同時也需保證用戶的隱私安全，而這正是區塊鏈的優勢所在。因此，智能合約一旦進入區塊鏈中，程序的代碼和數據就是公開透明的，不僅無法竄改，更一定會按照預定的邏輯去執行，產生預期中的結果。

如果基於編程代碼的智能合約能夠被法律體系所認可，那麼依照程序的自動化優勢，加以組合串聯不同的智能合約，達到不同的目的，

就能加速人類走向更高效的商業社會，達成自動協作的理想。

　　一個新物種或新現象，往往會極大地促進理論邊界的拓展。比特幣的出現，開創了一個全新的軟體系統維度，可以預見的是，未來在中心化和去中心化這兩個極點之間，將會存在一個新的領域，各種區塊鏈系統擁有不同的非中心化程度，以滿足不同場景的特定需求。

　　除了基於新理論創造新的區塊鏈系統，如何最大化挖掘現有區塊鏈系統的潛力，也是各國學者的研究重點。為了解決效能瓶頸問題，「閃電網路」是一個可能的發展方向，「閃電網路」將大量的微小支付移到主鏈之外，形成多個支付處理中心，透過「閃電網路」，比特幣主鏈下沉為 RTGS（實時全額支付系統）級別的應用，可以極大地提高區塊鏈的使用效率；「State Channel」則是對「閃電網路」在支付場景之外更通用的技術思路。而美國區塊鏈創業公司巴比特（R3CEV）的 Corda（分布式帳本平台）式思維則更加徹底——它僅將區塊鏈作為爭議仲裁和強制執行的最後手段，希望藉此揚長避短，進而克服區塊鏈在效能、隱私等方面的劣勢。

　　在安全領域，雖然比特幣區塊鏈本身的安全性已經過多年的考驗，但仍需持續關注。區塊鏈並未解決所有傳統的資安問題，對區塊鏈安全能力的盲目信任有可能導致嚴重的後果，比如，智能合約漏洞被利用，就很可能導致數位資產的損失。因此，需要新的密碼方案、傳統訊息安全領域的關鍵技術與區塊鏈技術融合，齊頭並進，攜手發展。如果設計一個傳統資料庫與區塊鏈結合的混合資料庫，對不同數據區

分處理，充分發揮各自優勢，對於區塊鏈系統的普及意義更是極為重要的！

當越來越多的數位資產遷移到區塊鏈上進行跨鏈操作時，不同區塊鏈間的互聯互通亦將成為必然。監管者面臨的任務將更加艱鉅，需要同步考慮制訂相應的法律法規與技術標準，以加強監管，防範風險。區塊鏈能否成為新一代金融基礎設施的底層技術？且讓我們拭目以待。

「區塊」與「鏈」的火花

區塊鏈技術主要是用來維護一個不斷成長的數據記錄的分布式資料庫，這些數據透過密碼學的技術和之前被寫入的所有數據相關聯，確保第三方，甚至是節點的擁有者都無法竄改其中的數據。區塊（Block）包含有資料庫中實際需要保存的數據，這些數據透過區塊組織起來並被寫入資料庫中。

如果想更了解區塊鏈技術，需要先了解另外兩個概念：

① 哈希算法

哈希算法（雜湊函數）是一種消息摘要算法，不屬於加密算法的範疇，但由於其單向運算，具有一定的不可逆性，因此成為加密算法中的一個構成部分，但是完整的加密機制不能僅依賴哈希算法。哈希算法是將目標文本轉換成具有相同長度的、不可逆的雜湊字符串（消

息摘要），而加密（Encrypt）則是指將目標文本（加密的內容）轉換成具有不同長度但是可逆的密文。

簡言之，哈希算法是不可逆的，但加密算法卻是可逆的。

② Merkle Tree

Merkle Tree 是一種數據結構中的「樹」，網路上一般將之稱為 Merkle Hash Tree，這是因為它所構造的 Merkle Tree 中所有節點都是哈希值。Merkle Tree 具有以下幾個特點：

- Merkle Tree 是一種樹形結構，但樹狀結構並不限於二叉樹，它也可以是多叉樹，但無論是幾叉樹，它都具有樹形結構的所有特點。
- Merkle Tree 葉子節點上的值，都是由設計者指定的，例如 Merkle Hash Tree 就會將數據的哈希值作為葉子節點的值。
- Merkle Tree 葉子節點的值，是根據它下面所有的葉子節點值以一定的算法計算得出的。如 Merkle Hash Tree 的非葉子節點值的計算方法是將該節點的所有子節點進行組合，然後對組合結果進行哈希計算所得出的哈希值。

區塊鏈所帶來的革命不光是數據革命，更是一場信任革命。其最核心的價值便是用程式演算法來建立一個公開透明全網公正的規則，透過每個人所擁有的智能設備的記錄來實現，以此為基礎來創立一個用戶均能給予信任的網路，來確保點與點之間的信任與交易的安全，

而不是傳統形式上，由中心化的第三方機構進行統一的帳簿更新和驗證。區塊鏈「帳本」的基本屬性，決定了其不僅能在金融市場大顯身手，在藝術、法律、房地產等其他領域也大有可為。

2 | 區塊鏈，引爆第四次工業革命

　　美國聯準會（Fed）在 2016 年 6 月 1 日舉辦了一場研討會，與會成員全是來各國的央行代表，吸引這些專家出席這場研討會的主題是當時對任何人來說都還算非常陌生的一個議題：區塊鏈。這場會議為期三天，除了當時的聯準會主席親自主持外，國際貨幣組織、世界銀行及歐洲央行，甚至中國、英國、日本、德國等國家，也都派出代表前來聽取區塊鏈的報告。

　　期間，美國那斯達克交易所打造區塊鏈平台的 Chain.com 執行長拉文（Adam Ludwin）現場為眾人演示該如何捐出小額的比特幣。他認為，區塊鏈潛力無限，除了可以發展數位貨幣，應用在虛實整合中，也能協助建構出一套更加透明與全球化的金融體系。這場會議只是開端，由區塊鏈引爆整個世界瘋狂投入區塊鏈應用的浪潮才正要展開，同時也表示區塊鏈的重要性獲得國際金融機構的高度重視。

你必須要知道的區塊鏈 5 個問題

　　即便現今市場上已有許多區塊鏈應用，但我相信仍有許多人對此

技術一頭霧水，以下列出 5 個關鍵問題，以利讀者們徹底理解。

① 為什麼「區塊鏈」會突然暴紅？

「區塊鏈」的應用早在 2009 年就已經出現，只不過當時一般人將其視為維持比特幣運作的技術，沒有激起太大的水花。然而隨著比特幣在 2014 年快速竄紅，區塊鏈也開始受到關注。由於區塊鏈特殊的去中心化及去信任化的機制，讓各國央行與跨國企業等龍頭紛紛投入區塊鏈的研發與應用中。

如今已證實區塊鏈是正在進行的趨勢，為新時代的殺手級應用，沒搭上這波浪潮的人，將會在未來元宇宙全球的競賽中趨於劣勢甚至被淘汰，除了國家政府與大型企業紛紛投入外，也是很多人眼中的一大商機。

從技術層面來看，區塊鏈是一個由加密技術所建構出的超大型分布式帳本，或是一座巨大卻連續的資料庫，它最大的特色就是利用「信任」的力量，每位參與者都擁有相同的權限，透過網路的串連，共享並檢視這本不斷更新的帳本，避免遭受第三方的干預或竄改，達到去中心化的目的。也可以理解成這是一個進階的網路世界，在這區塊中所有的行為都被完整記錄下來，並由所有參與者共同認證進而產生一種信任機制，參與者越多就越安全，導致變更資訊的可能性就越低。

用一個簡單的故事來說明什麼是區塊鏈。大家一定聽過三人成虎的故事吧？假設有一個人告訴你，不好了，大街上有隻老虎，你相不相信？

繼續，這時候換做一群人告訴你這件事，或再換一種場景，換成一個你十分信任的長者告訴你，街上出現了老虎，你又會怎麼想？

這就是所謂信任的力量。你可能不會輕易信任一個沒有足夠信用

度的個體，但你一定會信任一個群體或者信用度高的個體。現實世界中，銀行就是這個高信用度的個體（機構），信用卡也是類似這個功能。但使用這些高信用度的個體（機構）是需要支付成本的，而且費用還不低，所以金融業通常被認為是最賺錢的行業，而擁有支付寶的螞蟻金服利潤更是驚人。

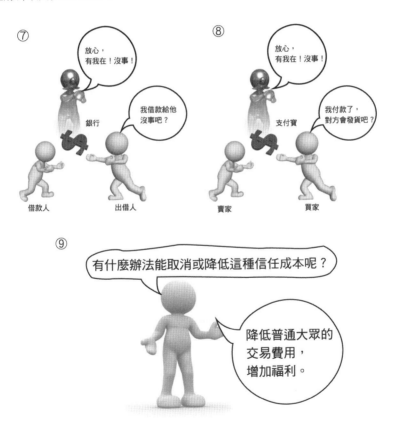

那該如何去除銀行這種中心機構的信用背書，省去信任成本呢？那就可以利用前面提到過的區塊鏈核心——信任。區塊鏈利用去中心化、去信用中介的技術，從根本上解決了信任問題，降低了大眾要負

擔的信任成本,而比特幣正是應用了區塊鏈這項技術。

比特幣的起源可以追溯到 2009 年,由中本聰提出,可以理解成是一種數位加密貨幣。現在我們就以比特幣交易為例,來看看區塊鏈具體是如何操作的。

首先,讓每一筆交易都在網上傳播,目的是讓全網承認有效,所以必須傳播給每個節點。礦工節點接收到交易訊息後,就要拿出帳本

把該次交易記載下來，一旦記錄，就不可撤銷或更改。礦工節點透過電腦運作比特幣軟體對每筆交易進行確認。

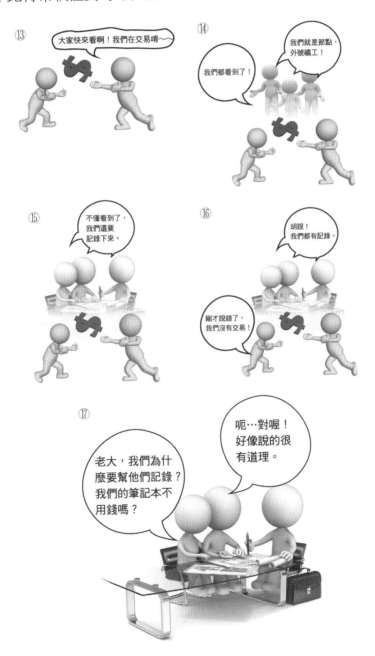

　　為了鼓勵礦工將每一筆交易都進行記錄與確認，系統會回饋一定數量的比特幣作為獎勵，一開始獎勵有 50 枚比特幣，其後每 4 年減半一次，2020 年比特幣挖礦獎勵第三度減半，來到了 6.25 枚比特幣，此為「公比為二分之一的無窮等比數列」，比特幣的總量因而受到了掌控。

　　因為獎勵只有一份，為了避免同時出現完成的情況，系統每 10 分鐘出一道數學運算題，最快找出答案的人就能獲得記錄入帳權利，贏得獎勵。

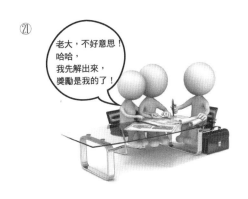

　　區塊鏈中運用到的算法並不是簡單的算數，而是哈希數列算法，哈希數列的不可逆特性可以用來驗證數據內容是否遭到竄改。獲得記帳權的礦工會向全網傳播該筆交易，且公開帳本，經由其他礦工核對帳目，一旦交易達到 6 個以上的確認就表示成功記錄在案了。

　　礦工在記錄的同時，還會在交易上蓋上時間戳，以形成一個完整時間鏈。當其他礦工也都完成對帳本記錄的確認後，該筆交易就被確認合法，礦工們便進入下一輪記帳優先爭奪權了。

　　礦工的每個記錄都是一個區塊，並會蓋上時間戳，每個新產生的區塊會按照時間線順序排序，這樣一個區塊接著一個區塊排成一條鏈的樣子，顧名思義，就稱為區塊鏈。

㉔

說了這麼多，和區塊鏈有什麼關係？

哪裡看出區塊鏈了？

㉕

信用保險箱

時間001
內容

時間002
內容

時間003
內容

　　由於每個區塊都含有其上一個區塊的哈希值，確保了區塊按照時間順序連接的同時沒有被竄改。

　　我們再回頭複習一下區塊鏈的原始定義：「區塊鏈是一種分布式資料庫，是一串使用密碼學方法相關聯產生的數據塊，每個數據塊都包含了一組網路交易訊息，用於驗證其訊息的有效性並生成下一個區塊。」

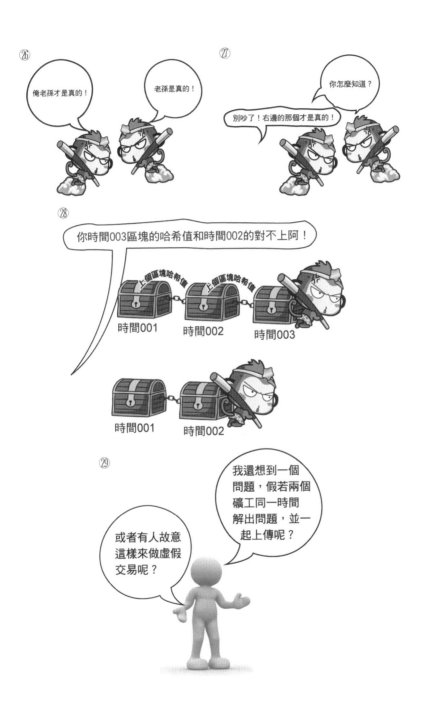

假若遇到兩個人同時上傳的情況（機率雖小但不無可能），就看誰的區塊鏈比較長，短的那條就失效。這就是區塊鏈中的「雙花問題」（同一筆錢花兩次的意思）。對於要製作虛假交易，除非你說服得了全網裡超過一半的礦工更改某一筆帳目，否則你的竄改都是無效的。

網路中參與人數越多，實現造假的機率就越低。這也是集體維護和監督的優越性，讓偽造成本最大化，因為要同時說服 51% 的人幫你造假其實是非常有難度的。

以上便是區塊鏈的簡易介紹。雖然比特幣應用的區塊鏈技術是屬匿名制，但現在有越來越多機構看中區塊鏈的發展潛力並致力開發相關運用，可以想見，未來也會普及實名認證制的私有鏈，並由第三方來營運和管理。

舉例來說，往後你在網路上購買名牌包包，只要上網查驗它背後的區塊鏈履歷，就不怕花大錢買到假貨，區塊鏈上會完整記載這個產

品的所有流通過程；而無論是個人還是企業，未來每一筆交易、資產，甚至個人身分、就醫記錄等，都會記錄到區塊鏈中，不僅管理效率高，又能省下不少開銷。換句話說，未來我們日常生活中各式各樣的交易行為和活動，都將和區塊鏈密不可分。

② 區塊鏈的前景如何？是否能取代銀行？

區塊鏈是一把可以開啟第四波工業革命的鑰匙，未來不只是金融、醫療、生技、食安、智慧財產權、共享經濟和電子投票等等都將應用到區塊鏈，往後跨產業、跨領域的結合更將比比皆是。然而，首當其衝的尤屬金融產業，銀行先後面臨到金融科技、機器人理專等衝擊，雖然一時半會兒並不會因為區塊鏈而完全消失，但以往以人力服務為主的模式將勢必做出重大的變革。試想有了區塊鏈，出入的每一筆交易都能即時對帳，資訊安全問題受到嚴密防護，人們不再需要趕三點半跑銀行辦事，而銀行也能將節省下來的人力開支，轉向更精準客製化的理財投資顧問業務，提高附加價值。

各國央行都在密切注意區塊鏈的發展，中國、荷蘭、日本和瑞典等國早已開始布局，加拿大和荷蘭也在著手開發數位貨幣，貨幣政策體制因區塊鏈的出現開始質變。而對於金融機構和交易所來說，區塊鏈的去中心化大幅提升了結算時的速率、強化對個人及企業徵信的風險管控，又可結合跨領域業者打造生態圈，把市場做大。

銀行利用區塊鏈技術來優化既有服務，有利有弊，因金融業本身的特性使然，銀行的交易記錄不會主動與其他機構共享，這也是為什

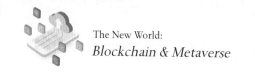

麼國際上有越來越多的頂尖金融、科技公司合組區塊鏈聯盟，試圖制定全球性的通用標準，而規模越大型的銀行更搶著卡位圈地，就是要掌握發言權，避免在區塊鏈的競賽中落後。

③ 每個人都要懂區塊鏈嗎？不懂又會如何？

凡透過中介或中央管理平台的服務，區塊鏈都能取而代之。若想發揮更大的影響力，就要找到可應用的戰場（領域）。區塊鏈帶給人們的探索與想像，雖然目前尚未定調，但從各國政府機關和企業龍頭紛紛投入開發的動作看來，顯然已是勢不可擋的趨勢。如今有越來越多實際應用場景融入到我們的日常生活中，我們能做的也就是敞開心房接受這樣的轉變，在全球化與元宇宙這股洪流下，對於新趨勢所造成的產業變革，不論在個人投資、生活日常或創業上都會造成或多或少的衝擊，因此，做好心理準備迎接未來世界吧！

以色列有一款即時乘車共享服務平台 La'Zooz，就是將區塊鏈結合「共享經濟」的例子，利用區塊鏈技術，顧客只要登入手機 App，隨時隨地都能同步更新附近車輛的空座位，找到與自己相同目的地的車輛。值得一提的是，使用這個平台不需要花到錢，La'Zooz 有自己的虛擬代幣「zoom」，可以透過當駕駛、推薦新戶、轉分享數據等方式賺取 zoom 幣並進行付款，這種方式類似於 Uber，卻把中介角色拿掉了，用戶更是不花一分錢，還兼具環保意識、社會責任、資源最大化等精神，更實踐共享經濟的精髓。

4 應用區塊鏈要花錢嗎？

在採用任何一項新技術前，包含學習知識、硬體投資、建構平台及人力訓練等，都需要事先投入一筆成本。不過，區塊鏈最大的優勢在於其資訊串連的模式可被信賴以及它的去中心化，讓原本要付給中介者或代理商的費用大幅縮減，因而未來代理商或顧問的角色將面臨質變，甚至被取代的命運，諸如代辦業者、旅行社代辦護照簽證與代客申請留學、土地代書、貸款，或是查帳 / 審計行業、房仲、電商平台和資安系統業者等傳統商業模式，也將面臨挑戰和轉型。

近年來集點文化盛行，有業者看準消費者收集與兌換點數的諸多不便，開發出一款以區塊鏈架構而成的「給優點雲端集點即服務（GotYourPoint; GUP SaaS）」。透過區塊鏈的技術支援，加入的店家可以進行點數的發送、兌換與交換。

透過智能合約記錄交易，消費者與店家雙方都能立即看到點數的使用狀況，所有交易都在雲端即時處理，店家不必另外採購設備，而消費者能在交易當下就看到點數的增減，不只提高消費者持有與使用點數的意願，也幫助商家提升點數價值，化解了傳統點數行銷機制所面臨的管理不易與應用問題。簡言之，區塊鏈越多人用，就能打破單向疆界，避免中間商的抽成或剝削，價格也會更透明、低廉。

5 區塊鏈普及下，個資問題如何受到保障？

區塊鏈剛面世時，無疑受到許多面向的質疑，如今到了現階段，它的風險控管機制已被眾多專家先進認可。至於資訊外洩的疑慮，因

為比特幣是匿名制，一開始曾被冠上地下經濟及洗錢的汙名，曾一度發生比特幣被竊，然而追根究柢下，其實是上層交易平台的人謀不臧，而其底層區塊鏈技術運轉至今還未發生過此種問題。

實名制雖然是趨勢，也可以視情況將個人金流與資訊流進行分流，由銀行保管金流，資訊流則透過區塊鏈來強化控管。駭客通常會挑選大型目標發動攻擊，然而區塊鏈是去中心化的架構，受區塊鏈保護的資安訊息也將更有保障。

區塊鏈最主要的核心價值在於其可以大幅降低全球市場的「信用」成本。2008 年中本聰提出比特幣的概念，提出了開源密碼學協議，第一條就是「不能重複支付」。現實世界裡，要偽造紙鈔是辦得到的，紙鈔統一由央行製造發行，本身帶有複雜的防偽技術，使得偽造有一定的難度但並非辦不到，如果有人偽造假幣，可以透過法律來制止這項行為，然而要複製網路上的數位訊息就簡單多了，而且還是零成本，這使得數位貨幣原本不易建立信任。過去，不重複支付不是實現不了，就是必須依靠一個中心控制，好比銀行或政府。

但這種中心化方案的成本太高，尤其是對於全球市場而言，前有美元這個信用中心，後有中國積極推動人民幣全球化，如今大部分網民不會再輕易接受另一個中心。而開源密碼協議不要求中心的存在，其創新之處就是使用區塊鏈，經由蓋時間戳做證，保證每筆支付後付款人名下資產一定相應減計，不能再用於其他支付。

所謂區塊鏈，就是全球 P2P 公證資料庫，全網為參與者的任何一

筆交易進行公證。不依靠任何中心背書，僅依靠全網記帳建立信用，比特幣信用最高峰時，全球信用額度達到 100 億美元，這在人類歷史上前所未聞。

《區塊鏈：新經濟藍圖》一書的作者 Melanie Swan 還提出在區塊鏈完善後會出現「全網大腦」，實現全網智能。機器每一步內可能只壓縮很少量的訊息，但只要累積成千上萬步，就可以實現極高的智能。想像一下，如果全網執行的是「不能重複支付」這一項非常簡單的區塊鏈協議，這就相當於壓縮訊息（把虛假交易訊息給排除），這個協議就能幫助使用者將合法的、沒有重複支付的交易訊息篩選出來。儘管現在看來這一小步似乎不起眼，但如果全網分布成千上萬次此類運作，就可能形成群集智慧！

由此可見，如果未來區塊鏈在全球範圍內有大量的智能合約執行，無疑會為網際網路帶來大進展，從當前只是一個低成本的訊息交流平台，演變為可以幫助人們篩選訊息的平台。這意味著我們在網路上有了自己的眼睛和耳朵抓取訊息，同時篩選、過濾掉有害或多餘訊息。區塊鏈將使第一代網際網路 TCP/IP 協議從訊息的自由傳遞升級到訊息的自由公證。

區塊鏈未來的發展關鍵，在於其是否能夠形成全球「信用」的基礎協議。全世界有巨大的網路用戶群體，而基礎協議的實現有賴於龐大的用戶群體，靠每一個人的自由選擇的意願形成。藉由全世界數十億網民的自由選擇和群集智慧的結合，將成就對全人類的貢獻。

如今，區塊鏈在全球得到了極大發展，根本原因就是這一技術會

使全球市場的「信用」成本大幅度下降。當前，全球的網路金融主要依靠交易大數據降低了「信用」成本，若能結合區塊鏈，未來在全球市場上，依託全網記帳，建立新的基礎協議，可靠而免費的「信用」網絡將離我們更進一步！

 區塊鏈最新崛起的創業領域

由於元宇宙概念的興起，把區塊鏈的應用發展從原本的三個階段，拓展到了新的階段。

區塊鏈1.0階段
數位貨幣，如支付、轉帳、匯款等。

區塊鏈2.0階段
金融合約，如股票、債券、貸款、金融衍生品等更廣泛的非貨幣應用。

區塊鏈3.0階段
在社會、政府、文化、藝術和健康等方面有所應用。

區塊鏈4.0階段
元宇宙崛起，利用區塊鏈與虛擬貨幣溝通現實與元宇宙進出的橋樑。

區塊鏈應用四階段演化。

① 區塊鏈 1.0 階段（數位貨幣時代）

本階段主要是透過區塊鏈技術打造比特幣等加密數位貨幣體系，利用具加密特性的數位貨幣進行支付、轉帳或匯款等動作。目前仍由比特幣占加密貨幣之首，真正能顛覆其地位的創新加密數位貨幣尚未出現，市場參與者大致只在比特幣的基礎上進行改良。

② 區塊鏈 2.0 階段（智能合約時代）

本階段主要目的是將區塊鏈從數位貨幣擴大到金融領域的應用或與資產有關的註冊、交易活動上，除貨幣進行交易之外，人類諸多交易都涉及到信用，如協議、小額借貸、股權、債權、產權的登記及轉讓，證券與其他金融商品合約的交易與執行等，因此能夠自動執行合約條款的電腦程式，即智能合約因應而生。

傳統信用普遍建立在中心化的基礎之上，比如協議，除了利益相關者外，還涉及到司法機構，如果有違法或違憲之虞，協議是無效的。當然，傳統社會上有很多基於熟人關係建立起來的信用，如民間金融活動很多是家庭、宗族和朋友之間的進行，但這種作法局限很大，無法支撐起一國的經濟。再比如小額的跨國協議，違約的追償成本往往高於協議所涉的金額，亦即建立跨境信用的成本太高，因此阻礙了全球經濟的市場信用建立，使得全球市場缺乏小額信用保障機制。現在有了區塊鏈，有了全球記帳方式，自然可以全網執行某個協議來保證信用。

如果說網路時代，我們的自由和權利在某種程度上可以依靠代碼

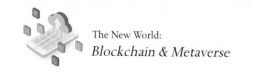
來保護,那麼區塊鏈再推進一步,透過協議,保障我們的權益可以依靠代碼來自動執行。這意味著參與者可將任何協議編寫到合約中,並讓其自動執行。在此意義上,區塊鏈某種程度上可承擔法院執行的作用,而成本則低得多,使用者支付一筆可能才相當於一單位比特幣萬分之一的手續費,就可以建立自己的信用。

IBM 嘗試將區塊鏈和物聯網結合在一起,讓實體經濟和智能合約結合在一起。想像一下,當你一個人在國外自駕遊歷時,途中現金用完,信用卡也無法使用下,在以往你只能向陌生人求助。但如果你的車是登記在區塊鏈物聯網上,而且對方的錢也登記在區塊鏈上,那雙方就可以簽訂協議,約定一個月後完成還款,協議就會終止;如果違約,那麼你在物聯網上登記的車輛所有權將自動轉到對方名下,對方可以委託在該國的某個人拿著私鑰去開你的車,完全不需要經由法院審理。可以想像,在這樣低成本下,未來個人的資產將可在全球內自由流轉,全球匯通或所謂「匯通天下」將有望真正實現。

③ 區塊鏈 3.0 階段（人工智慧時代）

聚焦於超越貨幣、經濟與市場活動,屬於更為複雜的智能合約,主要應用在社會治理領域,預期未來某些全球性的公共服務將建立在區塊鏈上,如身分認證、公證、仲裁、審計、物流、醫療、簽證、投票或網路架構、網域名稱使用等,更需要絞盡腦汁來結合區塊鏈以求突破發展。

由於比特幣引發的幣圈風潮,不少參與者思考區塊鏈技術可能帶

來的其他應用機會及可能性。總體來看，區塊鏈 1.0 階段最成熟，區塊鏈 2.0 階段中也有不少新創公司、金融業者或科技廠商提出各式應用解決方案，至於區塊鏈 3.0 的相關應用仍處於萌芽期，產品或解決方案多為概念或實驗層次。

④ 區塊鏈 4.0 階段（元宇宙時代）

　　一個可以打破次元壁，讓人身臨其境體驗不同生活方式的技術，主要利用與實時虛擬環境互動所需的裝置和傳感器，不只在視覺上，感官體驗上更是一大突破，目前已經有電腦遊戲、商業、教育、零售和房地產領域等方面的應用案例，許多大型企業也看準元宇宙的威力，紛紛投入元宇宙技術相關的研究與開發，Facebook 更是投下震撼彈。

　　2021 年 10 月 28 日，Facebook 創辦人馬克·祖克柏宣布將臉書改名為 Meta，強調對元宇宙的開發、擴展與應用的決心。在元宇宙中，使用者可以化身成任何角色在平行世界裡四處走動、結識朋友並玩遊戲，甚至還能賺錢，已經有些基於區塊鏈開發出的產品能讓用戶炒作房地產，賺取數位貨幣，這些數位貨幣也能兌換成現實世界的貨幣，用於交易。

　　雖然目前仍在實驗階段，除了營收銳減外，還要額外投入 270 億美元（約新台幣 7,506 億元）的建設支出，不過一旦成功，將可以提升 Facebook 為線上市集（online marketplace）的角色，獲利更豐厚。祖克柏認為，未來每個人待在元宇宙的時間會變長，因此會需要數位服裝、數位工具和不同體驗，因此會產生數位花費，而在元宇宙裡賺

到的數位貨幣也將能帶進現實，最終實現虛擬與實體齊飛的時代。

區塊鏈技術隨著比特幣出現後，經歷了幾個不同的階段，常見的分法就如前面提到的 4 個階段，依先後分別為區塊鏈 1.0（數位貨幣時代）、區塊鏈 2.0（智能合約時代）、區塊鏈 3.0（人工智慧時代）、區塊鏈 4.0（元宇宙時代）。

然而區塊鏈新創 DTCO 執行長李亞鑫則有不同的看法，他認為區塊鏈 2.0 應以彩色幣為代表，在區塊鏈上運行開源資產協議（Open Assets Protocol），可傳遞貨幣以外的數位資產，如股票、債券等。區塊鏈 3.0 之前還有一個區塊鏈 2.5 的應用，包括代幣（貨幣橋）應用、分散式帳本、資料層區塊鏈、人工智慧，以及無交易所的國際匯款網路，以瑞波（Ripple）為代表。區塊鏈 3.0，則以太坊（Ethereum）為代表。之所以特別將區塊鏈 2.5 與區塊鏈 3.0 區分開來，是因為 3.0 著重在更複雜的智能合約，2.5 則強調代幣（貨幣橋）的相關應用，如可用於金融領域聯盟制區塊鏈，如運行 1：1 的美元、日圓、歐元等法幣數位化。

由於區塊鏈協議都是開源的，要取得原始碼不是問題，重點是要找到好的區塊鏈服務供應商，協助導入現有的系統。處於這樣的大環境下，不論是銀行還是金融機構都要提早做好準備，正面迎接區塊鏈，將其應用到相應的業務與新的金融科技上。

2015 年金融科技剛引進臺灣不久，一股名為區塊鏈的旋風也開始席捲臺灣，全球金融產業迅速達成共識，使區塊鏈迅速成為各界切

入金融科技的關鍵鑰匙。儘管現在區塊鏈的應用猶如百家爭鳴，不過對於在臺灣的銀行或金融機構來說，要從理解並接受區塊鏈，到找出一套大家都認可的區塊鏈，並真正應用於交易上，恐怕還有一段很長的路要走。以下列出區塊鏈的發展史供讀者們參考。

- **1982 年，拜占庭將軍問題：**萊斯利・蘭伯特提出拜占庭將軍問題，把分布各地的軍隊彼此如何取得共識、是否出兵等決策過程，延伸至運算領域，試圖建立一套具容錯性的分散式系統，即使少數幾個節點失效仍可確保系統正常運作，讓多個基於零信任基礎的節點達成共識，並確保資訊傳遞的一致性，大衛・丘姆提出注重隱私安全的密碼學網路支付系統，具有不可追蹤之特性，奠定比特幣區塊鏈在隱私安全方面的雛形。

- **1985 年，橢圓曲線密碼學：**尼爾・柯布利茲和維克多・米勒分別提出的橢圓曲線密碼學（Elliptic Curve Cryptography，ECC），首次將橢圓曲線用於密碼學，建立公開金鑰加密的演算法。相較於 RSA 加密演算法，採用 ECC 好處在於可用較短的金鑰，達到相同的安全強度。

- **1990 年，eCash 誕生：**數學家大衛・丘姆基於先前理論打造出 eCash 電子支付系統，具有不可追蹤性，但並非去中心化系統。

- **1991 年，使用時間戳確保數位文件安全：**斯圖爾特・哈伯與史考特・斯托內塔提出用時間戳確保數位文件安全的協議，此概念之後

被比特幣區塊鏈系統所採用。

- **1992 年，橢圓曲線數位簽章演算法：**史考特・范斯頓等人提出橢圓曲線數位簽章演算法（Elliptic Curve Digital Signature Algorithm，ECDSA）。

- **1997 年，雜湊現金技術：**亞當・貝克發明了雜湊現金（Hashcash），並於 2002 年正式發表論文。雜湊現金為一種工作量證明演算法（POW），此演算法仰賴成本函數的不可逆特性，達到容易被驗證，但很難被破解的特性，最早被應用於阻擋垃圾郵件。後來成為比特幣區塊鏈的關鍵技術之一。

- **1998 年，匿名分散式電子現金系統 B-money：**戴維（Wei Dai）發表匿名的分散式電子現金系統 B-money，引入 POW 機制，強調 P2P 交易和不可竄改特性。不過 B-money 並未採用雜湊現金演算法。戴維的許多設計之後被比特幣區塊鏈所採用。

- **2005 年，可重複使用的工作量證明機制（RPOW）：**哈爾・芬妮提出可重複使用的工作量證明機制（Reusable Proofs of Work，RPOW），結合 B-money 與亞當・柏克提出的雜湊現金演算法來創造密碼學貨幣。

- **2008 年，區塊鏈 1.0 時代（加密貨幣）：**中本聰發表一篇關於比特幣的論文，描述一個點對點電子現金系統，能在不具信任的基礎之上，建立一套數位貨幣與支付系統與去中心化的電子交易體系。

- **2009 年 1 月 3 日，創世區塊誕生：**由中本聰所創的比特幣系統的第一個區塊，即創世區塊。

- **2012 年，區塊鏈 2.0 時代（數位資產、智能合約）**：市場去中心化，可作貨幣以外的數位資產轉移，如股票、債券。像彩色幣便是基於比特幣區塊鏈的開源協議，可在比特幣區塊鏈上發行多項資產。

- **2014 年，區塊鏈 2.5 時代（金融領域應用、資料層）**：強調代幣（貨幣橋）應用、分散式帳本、資料層區塊鏈，及結合人工智慧等金融應用。

- **2015 年，區塊鏈技術革新**：美國電子股票交易所那斯達克（NASDAQ）開始進行區塊鏈試驗，以期能提高效率與降低成本。以太坊推出一個去中心化且具智能合約功能的公共區塊鏈平台。全球最大的非營利性技術貿易協會 Linux 基金會推出 Hyperledger（企業區塊鏈框架）。

- **2016 年，區塊鏈服務震盪時期**：The DAO 被設計成一種建立在以太坊上的眾籌風險投資基金，當時籌集到 1,150 萬枚以太幣（市價 1.5 億美元）。沒多久 DAO 便遭受駭客攻擊損失 5,000 萬美元。Google、微軟、亞馬遜、IBM 等大公司相繼推出區塊鏈服務（Blockchain as a Service, BaaS）項目。

- **2017 年，金融體系的應用**：歐洲銀行聯合組建以區塊鏈技術的貿易融資平台「數位貿易鏈（Digital Trade Chain）」。日本政府承認加密貨幣的合法支付地位。比特幣現金（Bitcoin Cash）於 8 月 1 日誕生。

- **2018 年，區塊鏈 3.0 時代（更複雜的智能合約）**：美國亞利桑那

州通過用比特幣繳稅法案，瑞士開始接受公民用比特幣和以太幣繳稅。美國最大的零售業龍頭沃爾瑪與 IBM 進行一項試驗，以區塊鏈方式於產品供應鏈運作過程追蹤位置，以便驗證食品的購買來源。據富比士報導，已有近 15% 的金融公司正在使用區塊鏈。

📍 **2019 年，區塊鏈生態系：**IBM、Google、亞馬遜、微軟等，紛紛提出區塊鏈雲端開發套件。全球最大的區塊鏈 ETF（指數型證券投資信託基金）在倫敦證交所正式上市交易，這檔 ETF 將追蹤「發展區塊鏈技術，且有獲利的公司」，投資組合共有 48 家公司，其中包含台積電。

📍 **2021 年，元宇宙元年：**區塊鏈是「元宇宙社會」最重要基礎建設——元宇宙內的信任機制。3 月，佳士得以 6,900 萬美元價格拍賣出一幅 NFT（非同質化代幣）新型態的數位資產，該幅加密作品《Everydays: The First 5,000 Days》由美國數位藝術家 Beeple 所創作，頓時引爆 NFT 加密藝術的空前關注。

📍 **2022 年，區塊鏈與元宇宙全球化時代：**不斷擴大的 BaaS 應用、上漲的加密貨幣市值與更加簡化的商業流程，使得全球區塊鏈市場規模擴大至 77 億美元。

🚀 了解公有鏈與私有鏈，你也能成為區塊鏈專家

區塊鏈技術可以劃分為三類，分別是：「公共區塊鏈／公有鏈」、「私有區塊鏈／私有鏈」以及「共同體區塊鏈／聯盟鏈」，這三者各有

各自的定位，還有各自的特點和專屬的應用情境。簡單來說，「公有鏈」是對所有人開放，也就是任何人都可以參與；「聯盟鏈」是針對特定的組織團體開放；「私有鏈」則是對單獨的個人或實體開放。

目前專家對於該採用以上哪種類型的區塊鏈為主，看法莫衷一是，對公有鏈與私有鏈的爭論也此起彼落。現在一致認為聯盟鏈介於公有鏈和私有鏈之間，但仍偏向私有鏈的範疇。目前金融機構多偏向私有鏈，也有人認為這只是暫時的。聯盟鏈可視為「部分去中心化」，公眾可以查閱和交易，但不能驗證交易，要想發布智能合約，必須獲得聯盟許可。

筆者將著重介紹公有鏈和私有鏈，因為聯盟鏈可歸類到廣義的私有鏈之列。私有區塊鏈的概念在區塊鏈技術討論中成了熱門詞彙，從本質來看，相較於完全公開、不受控制、透過加密機制來保證網路安全的系統（例如工作量證明以及權益證明）的公有鏈，私有鏈帶有濃厚的隱私色彩，設定訪問權限，控管更為嚴格，想要修改甚至是讀取權限都僅限於少數用戶，只保留區塊鏈的應用和部分去中心化的特性。公有鏈和私有鏈究竟有什麼實際上的差別呢？以下將分別介紹區塊鏈的 3 大類型。

1 公共區塊鏈（Public Blockchains，或稱公有鏈）

公共區塊鏈就是指全世界任何人都可讀取、可發送交易且交易可獲得有效確認、任何人都能參與其共識過程，是一套「完全去中心化」的機制。

所謂的共識過程，就是由多數節點共同決定哪個區塊可被添加到區塊鏈中與明確當前狀態。作為中心化或者準中心化信任的替代物，公共區塊鏈的安全由「加密數位經濟」維護。

加密數位經濟採取 POW 機制或權益證明機制等方式，將經

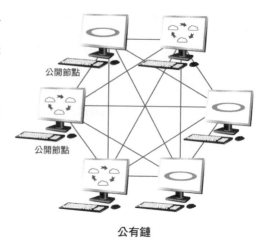

濟獎勵和加密數位驗證結合起來，並遵循著一般原則：每個人從中可獲得的經濟獎勵，與對共識過程做出的貢獻度成正比。

② **私有區塊鏈（Private Blockchains，或稱私有鏈）**

私有區塊鏈是指其納入相關權限，僅通用在一個組織內部裡的區塊鏈，讀取有權限或者部分對外開放，亦或被某種程度地進行了限制，這些區塊鏈即是「傳統中心化」式的私有鏈。

私有區塊鏈通常被拿來作帳用，因此一家公司或個人都能使用。私有鏈的存在情況在於有些情況下，希望帳本能有公共的可審計性，但也有些情況下，公共的可讀性並非是必須的。

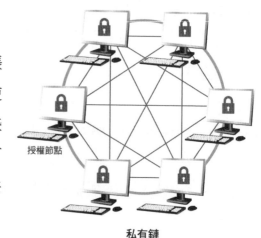

私有鏈

③ 共同體區塊鏈（Consortium Blockchains，或稱聯盟鏈）

共同體區塊鏈是指其共識過程受到預選（授權）節點的控制，可視為「部分去中心化」。舉例來說，有一個由 15 個金融機構組成的聯盟，每個機構代表一個節點，為了使每個區塊生效，則需要獲得其中 10 個以上機構的確證。

到目前為止很少有強調聯盟鏈和私有鏈之間的區別，但兩者的定位還是有所差別，前者結合了公有鏈的「低信任」和私有鏈的「單一高度信任」來提供一種混合的模式，而後者可以更精確地描述為帶有一定程度數字加密的可審計之傳統中心化系統。

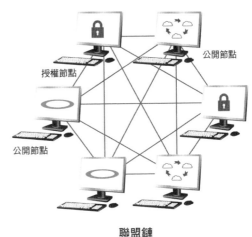

聯盟鏈

	公有鏈	聯盟鏈	私有鏈
中心化程度	去中心化	多中心化	中心化
參與者	任何人可自由進出	預先設定、具有特定特徵的成員	中心控制者制定可參與的成員
信任機制	工作量證明	共識機制	自行背書
記帳人	所有參與者	參與者協商決定	自訂
激勵機制	需要	可選	不需要
典型應用	比特幣	清算	內部研發測試使用

許多人認為私有鏈就僅供個人或企業使用，用處不大，因為私有鏈是由讓用戶依賴的管理區塊鏈的公司所掌控。許多人認為私有鏈不算是區塊鏈，而是已經存在的分布式帳本技術，但事實上私有鏈能為許多銀行與金融業提供公有鏈無法解決的辦法，例如美國推行多年的《醫療保險的可攜性和責任法案》、銀行與金融業為了防止金融詐騙祭出的洗錢防制和「了解你的客戶」實名認證機制等執行層面的問題將獲得更進一步的解決。因此對於公有鏈和私有鏈孰優孰劣的問題，一直有正反兩面的爭論，然而，不論何者勝出，只有一種區塊鏈能活下來的認知是不現實的，因為兩者都有自己的優缺點。

如今在美國大麻產業已經合法化，大麻需求增加的同時，產量品質也成了隱憂，為了克服這個問題，美國企業 Medicinal Genomics 率先將區塊鏈與分布式帳本技術引進大麻產業，大麻批發零售平台 CHEX 也運用了比特幣區塊鏈。支持私有鏈的 CHEX 首席執行官 Eugene Lopin 這麼說道：「私有鏈與傳統資料庫系統基本沒差別……但是其好處在於，如果開始將公共節點加入其中，會有更多的有效節點。開放的區塊鏈是擁有一個可信任帳本的最佳方法。去中心化的範圍越大，也就越有利於該技術的普及。」

然而，Ledger 首席執行官卻不這麼認為，他認為不必被審查的公有鏈有潛力顛覆社會，而私有鏈只是銀行後台的一個降低成本的工具罷了。

YOURS Network 創始人 Ryan Charles 覺得私有鏈和公有鏈都有其用途，他認為：「私有鏈可以有效地解決傳統金融機構的效率、安

全和詐騙問題，但這種改變是日積月累的。所以，私有鏈並不會顛覆整個金融體系。可是，公有鏈有潛力藉由軟體取代傳統金融機構的大多數功能，是從根本上改變金融體系的運作方式。」

在眾多專家的觀點中，開源區塊鏈應用平台 Lisk 首席執行長 Max Kordek 的總結最客觀，他是這樣說的：「我沒有看到太多的私有鏈成功應用的案例，但確實有其一席之地。因為，傳統機構無法在突然之間轉變成一個完全的公有鏈，而私有鏈卻是實現未來加密世界的一個重要步驟。相較於中心化的數據資料庫，私有鏈最大好處就是加密審計和公開身分訊息，而且沒有人可以竄改數據，就算發生錯誤也能追蹤錯誤來源。相比於公有鏈，私有鏈更加快速、成本更低，同時也尊重了企業的隱私。

結論就是，企業可以依靠私有鏈，總比完全沒有加密系統好。同時可以將區塊鏈技術推廣到商業領域中，讓未來實現真正的公有鏈又更靠近了一步。」

引領世界市場的關鍵技術

為什麼區塊鏈會被稱作信任機器？區塊鏈究竟是如何運作，其中又包含了哪些關鍵技術，使其被稱作信任機器？如何在一個彼此互不信任的點對點網路中，不經由傳統的中心機構，就能完成交易驗證？顯然區塊鏈的世界還是有很多謎團等著釐清，也是想利用區塊鏈創業

的人必須了解的首要課題，既然如此，這裡就展開分析區塊鏈的運作原理吧。

區塊鏈在元宇宙與實體世界都受到熱烈宣揚，各行各業似乎都要跟區塊鏈掛勾，以免跟不上時代的趨勢。某種程度上，區塊鏈彷彿蒙上一層神祕的面紗，它的特性及好處大家或多或少都有聽過，卻不清楚它實際是如何運作的。區塊鏈其實並非單一創新技術，而是融合了許多跨領域技術，包括密碼學、數學、演算法與經濟模型，並結合點對點網路關係，利用數學基礎建立信任效果，成為一個不需基於彼此信任基礎，也不需仰賴單一中心機構就能夠運作的系統。比特幣便是第一個採用區塊鏈技術打造出來的 P2P 電子貨幣系統，為去中心化、交易安全性以及可追蹤性的數位加密貨幣體系。

區塊鏈之所以受到關注，很大的原因在於它可以實現交易 0 成本，能自動將資訊從 A 地安全傳送到 B 地，作法是這樣的：啟動交易的一方，先建立一個資訊區塊，這個區塊會被網路上的幾千部，甚至幾萬部電腦進行驗證。通過驗證的區塊會被加到一個網上的鏈結，這個動作除了會建立一份記錄之外，還會有這份記錄的變動歷史，如果有人意圖對這個區塊進行竄改，就等於要更動鏈結上幾千幾萬份其他的同步記錄。在此前提下，想要竄改某特定記錄，而又不影響其他資訊，是幾乎不可能的事情。

因為這樣的特性，比特幣採用這個機制來保障貨幣交易的安全，除了比特幣，區塊鏈這種特性也能套用在其他事情上。以買火車票為例，透過 App 或網頁購買車票時，信用卡公司會收取手續費，但如果

鐵路公司採用區塊鏈機制，不僅可以省下付給信用卡公司的手續費，甚至可以把整個購票系統搬到區塊鏈上，不再透過信用卡公司。

　　這個例子中，可以把火車票理解成是一個資訊區塊，在交易時會被加進票券的區塊鏈。如果乘客買票的金錢交易透過區塊鏈進行，那麼這張票就和比特幣一樣，是一筆獨一無二、可以單獨驗證而且難以造假的記錄。這些票券所構築的鏈結，可以是某一條路線，甚至是整個鐵路網的交易記錄，其中包含了每一張售出的車票，以及每一段有人搭乘過的旅程。

　　最重要的是，區塊鏈是免費的。它不僅可以轉送或儲存價值，甚至還可以取代一切依靠「處理並抽手續費」生存的商業模式，或是任何現有在雙方之間轉移貨幣的中間機構。再舉一個例子，Fiverr 是一家自由職業者在線提供包含寫作、翻譯、視頻編輯等服務的中介平台，透過抽取交易手續費來營利，如果運用了區塊鏈，這類服務就可以免費獲得，而 Fiverr 也就難以繼續生存了。同樣的道理，其他如拍賣網站或是交易市集類型的服務商也勢必要面臨轉型。

　　要搞懂區塊鏈運作原理，最好的辦法就是從頭到尾操作一遍，所以接下來將帶領大家從一筆交易的產生到完成驗證的流程，以及圖解一個區塊，來了解區塊鏈的運作原理，進一步拆解 5 大區塊鏈關鍵技術，看它到底如何做到基於零信任基礎、去中心化、可追蹤又不可竄改的流程。

　　自網路問世以來，區塊鏈無疑是目前最棒的發明了，它讓我們不用透過無形的信賴或權威機構來做交易。舉例來說，我用 500 元跟你

打賭明天台北的天氣，我賭晴天，你賭是雨天。

接下來可能會有以下方式來完成交易。

➲ 我和你彼此信賴，不論結果是晴是雨，輸家都要遵守約定給贏家
500 元。如果我們是朋友，這個交易可能不會出現問題，但如果是
和陌生人打賭呢？那這筆交易是不是就缺少了信任基礎？當然，即
便是朋友，也有可能出現賴皮不肯付錢的情況。

➲ 在打賭前先簽訂合約，如果有一方輸了不願付錢，贏家可以告輸家。
但這要花費大量的金錢與時間跑法院，只為討回 500 元，實在不划
算。

➲ 找一位第三者，雙方分別先給他 500 元，等結果揭曉後，他再把所
有的錢也就是 1000 元交給贏家。但這名第三者說不定會私吞款項，
捲款潛逃。

由於我們無法完全信任陌生人，覺得打官司勞神傷財，更不想破
壞朋友間的情誼，在面臨這樣的難題下，區塊鏈出現了，破解了中間
者的問題，我們只需要寫幾行程式碼，就可以讓區塊鏈在網路上進行
交易，安全、快速又便宜。以這個打賭為例，區塊鏈程式會先從兩人
戶頭中各提取 500 元，並確保賭注不被惡意賴掉，等結果揭曉後，再
自動將 1,000 元匯到贏家的帳戶裡。在區塊鏈網路上的交易，是無法
被竄改或停止，因而有利於大型交易，如買賣房子或公司股權等。

一個區塊主要包含三個部分：交易訊息、前個區塊形成的哈希數

列、隨機檢查題。

- **交易訊息：**是區塊所承載的任務數據，具體包括交易雙方的私鑰、交易數量、電子貨幣的數位簽章等。
- **前一個區塊形成的哈希數列：**用來將區塊連接起來，好讓交易能按順序排列。
- **隨機檢查題：**是交易達成的核心，所有礦工節點競爭找出隨機檢查題的答案，最快得到答案的節點生成一個新的區塊，並傳播到所有節點進行更新，以便完成一筆交易。

　　比特幣區塊鏈的關鍵核心技術，包括用雜湊現金演算法來進行工作量證明，以達到公正性，交易過程則採用橢圓曲線數位簽章演算法來確保交易安全，並在每筆交易與每個區塊中使用多次哈希函數以及默克爾樹（Merkle Tree）演算法，不只節省了儲存空間，更能將前一個區塊的哈希值也納入新的區塊中，讓每個區塊環環相扣，也因此，創造出區塊鏈最自豪的可追蹤、但不可竄改的特性，並利用時間戳來確保區塊序列。

　　那區塊鏈技術適用於哪些對象呢？

- **金融產業：**信任，是金融業的基礎。為維護信任，金融業發展出大量高成本、低效率、單點不通即故障的中介機構，包括託管機構、第三方支付平台、公證人、銀行、交易所等等。而區塊鏈技術使用

全新的加密認證技術和去中心化共識機制去維護一個完整的、分布式的、不可竄改的帳本,讓參與者在無需相互認知和缺乏信任關係的前提下,透過一個統一的帳本系統確保資金和訊息安全。這對金融機構來說無疑是革命性的影響。

🔁 **車票的交易:**我們通常透過手機或是網路購買車票,必須透過信用卡公司付費,過程繁雜而且會向鐵路公司抽取手續費。但如果採用區塊鏈系統,就能降低鐵路公司的營運成本,也可將購票系統整個套用在區塊鏈中,對於消費者也能省下一道手續。

🔁 **其他拍賣網站或新型 App 行動消費平台:**以此類推,拍賣網站、房屋買賣和其他商業實體都將岌岌可危。例如共享經濟崛起的 Uber 或 Airbnb 行動消費平台,便利的叫車或訂房交易也可藉由區塊鏈的交易資訊送出,免去賺取佣金的中間平台。最大的好處就是交易完全免手續費!區塊鏈裡不論哪一種營利模式都不需要交易成本,不需擔心第三方收取費用或被中間商剝削。

🔁 **音樂產業:**區塊鏈入主後,消費者就不用透過 iTunes 或 Spotify 下載音樂、減少手續外,音樂人的獲利也可避免被剝削。使用者購買的歌曲,也可以經過編碼後成為區塊鏈的一部分,可以更安全地存放在雲端。

🔁 **電子書產業:**電子書也適合區塊鏈系統。與其讓出版業者抽取利潤、被信用卡公司抽成,不如將書籍檔案編入鏈結,檔案庫直接儲存至區塊鏈。作者可直接從中收取版稅,收到讀者購買的每一分錢,完全沒有第三方的介入。

- **電子投票系統：**以區塊鏈為基礎，被記錄的每一項資訊，可確保投票時間、保護投票簽名資訊、降低開票錯誤等等。區塊鏈提供一個透明化、公開驗證的審核系統，成為紙本投票的支援備案。雖此種模式還在測試階段，但不久的將來紙本選票將被電子票券取而代之。很多國家如愛沙尼亞也投入電子選票系統，讓愛沙尼亞人民擁有電子身分系統（E-residency），開放安全系統讓國民可快速地進行網路投票，以建立更鞏固的資訊安全體系。

- **區塊鏈身分識別：**經由區塊鏈網路進行身分認證，對於各國來說是一套有效管理國家的系統，區塊鏈將取代傳統身分證，更有效地處理成國民資料、數位印章、生物特徵辨識等。澳洲郵政也開始利用區塊鏈技術來儲存國民的身分資料，以加速郵政服務效率。

- **防偽造與防貪汙：**區塊鏈技術可建立信任、抵制偽造文件和消除貪汙的現象。區塊鏈初創公司 Everledger，就是利用此特性來控管鑽石交易產業，以防被偽造。《經濟學人》雜誌也讚譽有嘉的防貪汙特性，證實了區塊鏈不只讓人們建立彼此間的信任，也可建立可信的交易記錄。只要身分資料和支付系統以區塊鏈為基礎，要進行偽造、詐騙、貪汙的機率根本微乎其微。

- **地籍登記：**以區塊鏈技術為基礎的地籍資料登記陸續測試中，宏都拉斯政府正與 factom.org 合作，利用區塊鏈技術來管理地籍資料，並預期不久的未來類似系統都會一一出現，幫助公部門管理。

- **供應鏈管理：**除地籍登記，區塊鏈也可運用在供應鏈管理。其中一個初創企業 UBIMS 基於區塊鏈技術，讓供應鏈管理變成「民主化

的全球物流」，改變企業管理資料的模式。區塊鏈能適應多樣的消費者需求，在供應鏈管理中建立一個全新的「分散式庫存管理」系統。

　　區塊鏈技術已有一小段時間，很多應用與新型態概念也再陸續誕生中，除了企業，我們的日常生活也多多少少受到了影響，如今又有一股名為元宇宙的浪潮來勢洶洶，可以說，區塊鏈與元宇宙勢必將很快地與我們共生共存。區塊鏈除了為金融界帶來旋風式改革，也顛覆了各大企業的經營模式，因為它的安全加密網路編碼，能完好保存交易記錄，也讓比特幣成為風靡全球的「加密貨幣」，以後出國只需帶著比特幣錢包就可輕鬆消費，不用擔心貨幣波動與匯率問題。比特幣連結區塊鏈技術，可安全有效地將經濟模式和資訊安全發揮得淋漓盡致，甚至可以被運用至各個產業上！

　　此外，中小企業主也可從類似的經營模式中，學習到快速的盈利模式，免除被中盤商抽取佣金的成本。即使還是有很多人持保留態度，但是許多企業家甚至龍頭產業，都紛紛投資區塊鏈技術，只為了讓企業永續經營運、不被趨勢所淘汰，既如此，那你還在等什麼呢！

3 | 區塊鏈 有何洪荒之力？

在未來的世界中，我們可以預見各行各業將運用區塊鏈的技術，打造出一個個點對點的互動模式，在這樣一個技術背後所支撐的工具，就是去中心化。然而，負責維護區塊鏈網路上的工作者並沒有老闆，他們都是想為了要獲得區塊鏈獎勵而來工作的，且只需要按照區塊鏈的規則工作，不需要老闆來領導，換句話說，其實他們每個人都是老闆。這樣不僅僅是省下了一部分資源，更省下一大筆開銷。

「去中心化」到底指的是什麼？

近幾年「區塊鏈」這個名詞頻繁地出現在我們的生活中，有許多的人想使用「區塊鏈」賺錢，卻對於「區塊鏈」抱有不少的誤解。其中，「去中心化」就是一個代表性的範例。從字面上的意思來看，去中心化就是節點的分散，而節點指的是擁有採礦程式可以挖比特幣的電腦。

也有人認為去中心化是礦工的分散、數據的分散……甚至也有人

說「礦工的分散」是比特幣發明者——中本聰所嚮往的結果，也就是所謂的「一 CPU 一票」，每個人在高效電腦上安裝程式就能挖礦。還有些人為了不讓少數人刻意利用專業化挖礦晶片掌控市場，企圖改進演算法來阻止演算力中心化的發生。不過，演算法再怎麼更新，都沒有辦法做到「完全的去中心化」，只能做到延緩這些挖礦晶片的誕生。

去中心化就是將電腦的數據傳到多個電腦裡，讓這些電腦共享數據。要特別注意的是，在區塊鏈的世界裡，每一個網路節點都擁有相等的權力，而貢獻節點的人就叫礦工，若是有人擁有大量的礦工電腦（超過 51％），那就等同於一個人握有主宰比特幣網路的權力，比如說機器人網路（殭屍網路）。著名的殭屍網路——風暴殭屍網路擁有 25 萬個節點，它可以透過木馬病毒入侵受害者的電腦，進而達到控制數十萬台機器的目的，遠遠超過比特幣全網節點數，所以風暴殭屍網路可以輕而易舉地掌握 51％ 以上的 IP 位置，發起攻擊。因此，中本聰所說的「一 CPU 一票」不是指「一 IP 一票」，而是在說一個計算單位代表一個權力單位，誰擁有的計算力越高，在網路的世界裡，權力就越高。

「每個人使用高效電腦，安裝程式就能挖礦」這句話看上去好像更去中心化、更公平，可是為什麼實際上反而降低了區塊鏈的安全性呢？答案很簡單，因為去中心化是一個過程，而非結果或是狀態。

以上述提到的殭屍網路來說，從狀態上來看，殭屍網路的節點是分散的，但是由執行過程、行為模式來看，它們擁有高度的一致性。

而去中心化的原意是讓每個人都擁有「參與」、「退出」的權力，在資訊對稱的前提下，讓所有人都有公平參與決策的自由度。

　　我們用常見的財產分配策略——「雞蛋不能放在同一個籃子裡」，來試著理解「去中心化」。這個財產分配策略是告訴我們要懂得分散風險，而去中心化也是避免將資訊通通傳送到同一個電腦當中，導致資訊被竊取的情況發生。承載著挖礦程式的電腦就好比雞蛋的籃子，而雞蛋就是這些被傳送的資訊，若是每個籃子裡的雞蛋相關性極高，那麼無論雞蛋再怎麼分散，都沒有辦法產生分散風險的效果。如果整體的網路市場處於下跌的情勢，且大多數的雞蛋（財務資訊、數據）相關性都很高，那麼你的雞蛋越分散，你的損失也就越持續。若是這些雞蛋的相關性越低，或者是說這些雞蛋的相關性是一個未知數，我們就不應該委託某一小部分的人來幫我們記帳或記錄資訊。

　　在區塊鏈的挖礦獎勵機制下，造成表面上分散算力的局面，但實際上少數人擁有的算力遠遠超過其他人，不過沒有人可以去阻止任何人研發挖礦機，因為這完全是個自由競爭的去中心化過程，並沒有法律可以限制他們。

　　可見，去中心化即是市場的自由競爭。不過，在競爭機制下，各位讀者也不用太擔心算力集中的問題，一方面，發起 51% 攻擊需要高昂的算力成本，並不符合理性經濟人的思維；另一方面，即使存在擁有大量算力份額的礦池，他們的攻擊也不能持續，因礦池的算力並非真正屬於他們，且隨時面臨新玩家的挑戰。

　　由於任何一個開放系統在自由競爭下，都會形成專業化分工。在

區塊鏈的世界裡，專業化的礦工，專業化的虛擬支付錢包、區塊鏈數據服務商等，都是區塊鏈去中心化的結果，而非我們處心積慮要避免的後果。

區塊鏈提供了一種去中心化的、無需信任累積的信用建立模式。以點對點驗證將會產生一種「基礎協議」，將建立人腦智能和機器智能的全新接口和共享介面，簡單來說陌生人社交的最大訴求之一就是快速地找到志趣相投的人（發現→聯繫→關係）或被找到、被看到，而區塊鏈於這一部分充分表現出陌生人社交的原先思路。

現有的社交網路是中心化結構，社交平台設定規則、儲存內容、分發內容，均由統一中心系統管理，由用戶創造內容，利用社交網路進行人際關係的社交行動，如獲取朋友動態、熱門內容等，而作為服務提供方的社交網路，則掌握了用戶產生的數據，並透過分析這些數據，進行精確的廣告推薦。但這也引起一部分用戶的不滿，尤其是對自己的隱私安全領域敏感的用戶。

為了讓社交網路控制權從中心化的公司（如 Facebook）轉向至每個人，有人試圖經由區塊鏈實現由中心化轉向去中心化。利用區塊鏈分布式技術建構平台，讓用戶自己控制數據資料，這意味著全新的社交平台開始萌芽。本質上就是個可信任的無中介網路平台，建立可信任的點對點連接的對等社交關係。

Synereo 是一家創新性的科技公司，試圖透過區塊鏈技術，挑戰中心化社交網路現狀，形成點對點網路。Synereo 社交網路跟 Facebook 等社交網路正好相反。

⮑ Synereo 社交網路無法記錄、儲存任何個人訊息。

⮑ Synereo 社交網路不會向用戶推送廣告。

⮑ Synereo 社交網路允許用戶在自己的設備上運行節點接入網路。

⮑ Synereo 社交網路用戶訊息以加密形式儲存在網路節點上，形成一
　個分布式網路。

　　區塊鏈技術，意即將同筆資料複製分散在多個節點上，為了保障
用戶資料安全，裡面的資訊只有掌握鑰匙的人才能查看，同時向做出
儲存和算力貢獻的礦工（用戶）提供補償，也會向創建和維護內容的
用戶提供獎勵。

　　Synereo 社交網路透過散點共振的方式，建立了新型社交網路的
運作模式：讓用戶自己控制自己的資料和訊息，並對有貢獻的用戶提
供獎勵。這樣的模式不但保證了個人數據安全，還透過系統機制刺激
大家做更多的貢獻。網路在這個時候，不再是中央控管，而是單純的
平台，用戶們可以自由地享受網路社交平台。

　　去中心化的社交網路發展潛力非常可觀。它建立了社交網路的對
等性，用戶可以更個人化，比傳統中心化的平台更有優勢。這讓些許
的社交創業者看到了新的希望，但整體的市場環境能否接受分散點狀
式的社交網路，並轉換成主流社交網路，還需要考驗。

　　有一個很重要的場景就是訊息的分層化。因為所有的用戶都是點
對點網路，可以塑造不同身分，創建基於個人需求的不同身分社交群
組，滿足同事、父母、同學、興趣等不同需求背後的身分 ID。

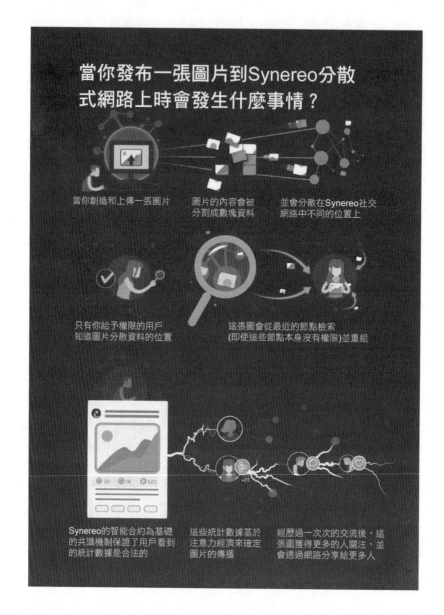

當你發布一張圖片到Synereo分散式網路上時會發生什麼事情？

當你創造和上傳一張圖片　　圖片的內容會被　　　　　並會分散在Synereo社交
　　　　　　　　　　　　　分割成數塊資料　　　　　網路中不同的位置上

只有你給予權限的用戶　　　　這張圖會從最近的節點檢索
知道圖片分散資料的位置　　　(即使這些節點本身沒有權限)並重組

Synereo的智能合約為基礎　　這些統計數據基於　　　　　經歷過一次次的交流後，這
的共識機制保證了用戶看到　　注意力經濟來確定　　　　　張圖獲得更多的人關注，並
的統計數據是合法的　　　　　圖片的傳播　　　　　　　　會透過網路分享給更多人

　　　這樣不同身分產出的訊息流，誰可以看，誰不可以看操作起來非常方便。隨著共享經濟、生態開放的發展同時，用戶對個人訊息隱私

安全要求會越來越高、對商業化廣告會越來越反感，自我掌控個人的訊息和內容的需求會越來越強烈。

點對點的社交網路的核心需求不是要堤防，而是能不能建立更高效、更有意義的社交網路，這一點還是有很強的吸引力和想像空間的。總之，基於區塊鏈的社交網路本質上就是去中心化，打破現有社交網路的規則。

一個活在現在的人是無法判定未來的市場，直覺不夠、分析不夠，如果元宇宙革命真要來了，一切都取決於社會價值的變化。

🚀 區塊鏈＋應用場景的無限可能

區塊鏈技術詳細記載了所有的交易記錄，拜區塊鏈之賜，你可以在任何時候、任何地點知道每個購買物的所有權歸屬變動，大大降低買到仿品、偽品與瑕疵品的風險。打個比方，我們可以想像一下未來，當一輛汽車被製造出來時，會在區塊鏈上以汽車的 VIN 碼作為每一輛汽車的身分證明，這時所有權是屬於汽車廠商的。當經銷商向廠商收購了這輛車後，便會在區塊鏈裡添加一筆購買記錄，而買家向經銷商購入這輛車後，又會在區塊鏈上增加一條新的記錄。

區塊鏈技術的應用，我們可以使用在藝術品或奢侈品買賣上，過去藝術品的轉讓是憑著紙張證明藝術品的所有權或價值，導致了偽造品或是利益糾紛的狀況頻頻出現。而區塊鏈是一個去中心化且可信賴

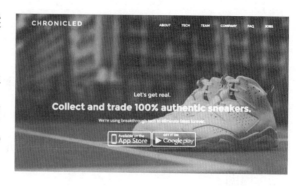

的數據存取系統，能夠追蹤資產的所有權和交易歷史，若懂得善用區塊鏈技術，將可以解決藝術品轉手或買賣中長期存在的問題。NFT也因此掀起熱潮。

美國新創公司 Chronicled 透過運動鞋內的智能標籤連接消費者的手機 App，用區塊鏈技術保存資訊，即是此觀念的應用。

再舉一個例子，根據調查，美國房地產所有人每隔 6 年就會賣房子，平均一生中會搬 12 次家，為了避免偽造文書的情況發生，幾乎所有房地產交易都會經過第三方的服務。這樣的服務費用通常是房地產價格的 1.2%，不管是時間、人力還是費用都是房地產買賣方待解決的問題。從這裡我們可以得出一個結論，現實中任何有價值的資產或商品在經過數位化後，都有機會在區塊鏈中成為執行買賣的品項。

於是，國際比特幣房地產協會（IBREA）試圖將房地產所有權記錄存放在區塊鏈系統上，就如同將文件上傳到雲端一樣，但不同的是，在上傳文件到區塊鏈上時，需要有私鑰密碼證明是擁有該文件的第一個人。房地產所有權轉讓時也要先查詢過往的歷史記錄，證明自己擁有文件的所有權才能夠進行轉讓。這樣的方式，不僅提高了房地產買賣的效率、節省了人力成本，也讓買賣方在交易前後都能更放心。當然，NFT 的盛行正是拜區塊鏈此項特點所賜啊！

早在 2015 年全球區塊鏈新創團隊所累計的融資總額就已突破 10

億美元，這代表區塊鏈已成為金融業搶進金融科技領域的關鍵核心技術之一，不過，為什麼這些金融機構不採納比特幣，卻對其基礎之上的區塊鏈技術趨之若鶩呢？

答案是因為比起傳統的交易方式，使用區塊鏈技術的金融交易模式至少具有以下 4 大特別的優點：

- 提高效率。
- 減少交易過程中的失誤。
- 交易記錄透明化。
- 降低結算風險。

我們可以透過區塊鏈技術，解決幾乎所有目前在第三方平台或是金融中介，既有交易中存在的問題，例如股票、基金、人壽保險等。區塊鏈技術可應用的範疇橫跨各領域，若暫且拋開現實層面的考量，試想一下將區塊鏈技術應用在各種生活場景，會發現這樣的技術蘊含著無限的發展潛能。

那究竟區塊鏈技術適合哪些生活場景？答案為凡是有中介參與且成本過高，或是低追蹤成本且高訊息安全需求的傳統交易場景，都是區塊鏈技術可以發展的領域。

我們打個比方，以音樂產業來說，可以將區塊鏈技術應用在歌曲版權管理、版稅分配和版權體系等不透明的問題提供多種解決方法。以色列初創公司 Colu 即是一個區塊鏈應用的範例，該公司聲明為了幫

助不懂區塊鏈的開發者和消費者，在區塊鏈基礎上推出一個測試版平台，讓開發者和消費者透過平台建立和交換數位資產，包括任何所有權交易的記錄。

區塊鏈技術不僅能解決產業無效率的問題，還能夠貼近一般人的生活。舉例來說，超市未來若能運用區塊鏈，就可以讓消費者清楚每一項商品從農場到供應商再到超市的每一次交易時間、數量和金額的記錄，這樣一來，超市可以節省宣傳行銷費用就能讓消費者安心在超市採買食材。

舉個例子，臺灣新創公司數金科技是全球第一個將區塊鏈技術落實到醫藥場域的新創公司，他們觀察到臺灣病患醫療資訊破碎化，以及在新藥研發面臨的困境等問題，致力於提供一套區塊鏈中介系統，讓病患自主決定要將自己的資訊開放給哪些醫療單位、保險公司，院方也能更有效率的蒐集病患資料，執行更精準的診斷及治療。

這麼多的例子都足以讓我們期待區塊鏈技術的發展，未來生活中的各種商業模式都有機會透過區塊鏈改良，實體世界與元宇宙的各行各業也都有機會利用區塊鏈開創新的局面。

區塊鏈是比特幣背後的技術，「天生」就具有保證訊息完整性的功能。簡單來說，我們可以將區塊鏈視為一條長長的「鏈條」，而我們的數據、訊息就存放在鏈條當中，同時鏈條每個「下一節」都是結合「上一節」所儲存的訊息後，整體再次加密，只要這一節能夠與上下兩節特徵對應，那麼就能肯定這一節是原始真實的訊息。

除了金融業，對於軍事，訊息的完整性一直很重要。從第一、二

次大戰期間大規模間諜戰與反間諜戰，再到現代戰爭體系下指揮與情報，這些不僅決定戰爭輸贏，還關係到很多人的性命。核武更是如此，控制權只掌握在極少數人手中，但威力巨大到能影響眾人的健康和安全。雖說現代已經有非常多的加密設備，以防被間諜擷取訊息，如多重驗證、口令分開保存、多人同時操作等一系列措施。但我們可以在一系列的戰爭電影中，「模擬」看見了駭客如何突破這個體系，透過外部接口下達假命令。足以想見要是真的發生戰爭，訊息的安全性還是有被突破的可能。但如果未來真的能夠使用區塊鏈技術運用在軍事上，或許能夠在一定程度上降低間諜偷取訊息的可能性，或者是在第一時間就發現對方的企圖。

最後，區塊鏈這項技術若真能應用到軍事上，對於那些開著戰車、飛機、甚至是指揮著衛星的軍人，他們只需要專心執行自己的專業工作就可以了。照這個趨勢發展，在未來區塊鏈的應用中，軍事領域可能成為僅次於金融方向而大幅度發展。

區塊鏈的應用除了在網路購物、資訊認證和慈善捐贈等民用領域越來越多外，實際上，在軍事領域也存在多種可能的潛在應用。例如，在情報人員工作績效激勵、武器裝備全壽命追蹤、軍事人力資源管理、軍事智能物流等方面均有潛在應用。

近年來，美軍開始將其應用拓展到情報收集領域，實現獎勵金的隱蔽定向支付。在區塊鏈的技術中，採用了非對稱數位加密，意即交易雙方均有一對公鑰和私鑰，公鑰對應比特幣地址（即帳號），私鑰用於數位簽名。對於每筆交易，雙方均要用私鑰進行簽名，以確保訊

息的安全。「證明」過程具有匿名性,特點如下:

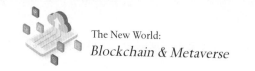 任何參與者均可申請帳號,不受國別、地域等限制。

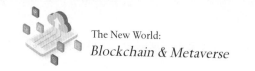 帳號的生成無須實名認證,不能經由帳號反向核查用戶的真實身分。

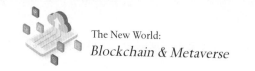 用戶可以擁有多個帳號,不同帳號之間沒有直接關聯,用戶擁有的真實比特幣數目難以統計。

　　區塊鏈的這種特性兼顧了用戶訊息的安全和隱私,但也常常遭到反對人士的攻擊,稱其為「洗錢」和毒品交易等非法活動提供了便利。而美軍則運用區塊鏈的技術特性,在情報領域為其找到了恰當的應用。對於情報人員的工作績效激勵方面,我們都知道情報提供者或「線人」需要隱祕的身分和行蹤,傳統的轉帳、現金等獎勵金支付方式容易讓他們的身分曝光。但透過比特幣作為支付媒介,就可以讓情報資金流轉難以追溯,從而有效保護情報人員的安全。

　　情報需求方和情報人員註冊比特幣帳號,然後情報需求方使用法幣在比特幣交易平台購入一定數量的比特幣,並在該平台上與情報人員完成交易,情報人員收到比特幣後,可以將其兌換成市場上通用的法幣,從而完成獎勵金的定向支付。

　　比特幣交易平台在整個支付流程中扮演了「黑箱」的角色,其中「購入」、「交易」、「兌換」三個關鍵環節都可以匿名完成,實現了交易雙方關鍵訊息的隱藏。在該應用中,比特幣充當交易中介,因

而屬於區塊鏈技術的基礎應用層級。當然，這一切在元宇宙中也都適用。

除此之外，我們還可以將區塊鏈技術應用在軍事人力資源管理上，透過區塊鏈記錄每個幹部的履歷資訊，形成無法竄改的個人數據，徹底解決傳統管理系統存在的問題。武器裝備全壽命管理和軍事人力資源管理均屬於區塊鏈技術的升級應用，其強調的重點是使用區塊鏈技術實現數據儲存的安全性。

隨著智能時代的來臨，軍用物流也跟著現代化，要真正實現智能化，整個過程包含倉儲、包裝、運輸和配送等環節，和物資需求方等參與者都要智能化，這樣一個由人和物聯接的網路，實際上便構成了小型的物聯網。

為什麼要將物流智能化呢？這是因為傳統利用中心化的管理策略，長遠來講實現系統的運轉是不可行的，主要原因有：

- 智能化的物流鏈形成一個地理上不斷變化的動態系統，若要在固定位置構建訊息服務中心，不僅需要投入大量資金，還存在著系統維護、數據交換等多重難題。
- 容易過分依賴訊息服務中心，一旦訊息服務中心出現故障，將影響到整個物流系統的正常運轉，何況軍事應用更強調系統的穩定性和戰時抗毀傷能力。

所以我們可以運用區塊鏈技術的特性，有效解決智能化軍用物流

所面臨的組網通訊、數據保存和系統維護等問題。應用區塊鏈的系統，人和物自主組網，構成一個去中心化的對等網路，無需中心伺服器，分布式的結構提高了系統的生存能力；接入網路的節點之間可以直接或以中繼方式進行通訊；物流鏈條中的重要訊息，如用戶需求、倉儲貨品、裝載運輸、配送中轉等，統一保存各區塊中；至於安全性的部分，區塊鏈的維護須接受全網節點的監督，個別節點的非法操作（如攻擊）不僅會遭到大多數節點的拒絕和抵制，還會降低自身的信用，以確保系統的有序高效運轉。

🚀 區塊鏈，解決食安與醫療問題

比特幣，最初的目的是為了避免人們的生活被中心化貨幣體系，以及政府和中央銀行所制定的有缺陷的政策所毀滅。當中本聰發布比特幣白皮書的時候，又有誰想到它可以用來拯救生命，又能保障食品安全、新鮮。

區塊鏈技術的運用，將有效促進醫療與食品發展。專家指出，藉由區塊鏈技術打通醫療、營養、農業、檢測、生產加工各個環節，有助於為公眾打造營養健康高速公路。區塊鏈作為建構網路空間的核心技術，其開放性、訊息不可竄改等特性，未來在食品、醫療領域都會有巨大發展潛力。

食品問題的重點是各個營養指標要達到標準，相關檢測是關鍵，

如果將食品檢測設備與區塊鏈進行結合，檢測的數據指標真實性將獲得消費者真正的認可。加強最新訊息技術區塊鏈技術的應用，將大大提升食品安全的監管能力，也將更好地保障消費者的知情權。

對於區塊鏈食品應用，區塊鏈可提供一套買賣雙方都能接受的信用體系。比如一袋白米，消費者可透過白米包裝上的獨特條碼，查到這袋大米從種植的土地到播種施肥，再到物流倉儲等一切訊息。而這些訊息有兩個區別以往的顯著特點，一是記錄在區塊鏈上不可逆、不可竄改，二是這些訊息大部分是機器自動上傳的。比如在稻田裡放上傳感器，時刻將稻田水溫、污染與否等情況自動上傳到不可竄改的區塊鏈上，讓種植者與購買者都可以隨時查詢。

區塊鏈技術常用於金融業，但其實它還能運用在「食品」上，以區塊鏈的追蹤技術，時刻檢查食品的保質期限，可以達到減少食物浪費的目的，其中，全球最大零售企業沃爾瑪就是很好的範例。沃爾瑪早在 2016 年就開始跟 IBM 區塊鏈平台合作測試區塊鏈技術，以區塊鏈技術追蹤食品來源，也能在第一時間發現變質的食品及源頭。

透過食物貨品上的電子憑證，沃爾瑪能隨時追蹤每一件食物貨品在供應鏈中的位置，只要發現某件食物貨品的品質出現問題，沃爾瑪員工能在幾分鐘內就追查到這件貨品的全部運輸軌跡，以及同批貨品的位置，立即採取回收、封存等措施。

此外，我們可以從之前臺大黑客松以食安為主題，做為競賽的內容，看出食安是愈來愈被注重的議題。雖然區塊鏈於食品領域的應用，已經逐漸在大型企業看到，但供應鏈環節中的所有問題，還沒有辦法

全部解決，若將來食品管理結合區塊鏈的追蹤技術發展的更加成熟，無論是食品業者還是消費者都能更加安心。

區塊鏈技術是一種分布式數據的儲存方式，除了效率高之外，其最大特點在於不可竄改性。將區塊鏈技術應用在食物儲存領域之後，食物貨品每經過一個供應鏈環節就需要被記錄一次，如出倉檢疫人士、分銷商、物流管道、零售商等接手貨品之後都需要完成記錄。每一個接手的人都能輕易查看貨品的運輸訊息，但不能異動這些數據、資訊，以保證交易公正和食品訊息真實透明。

隨著食品材料的源頭愈趨複雜，保質期難以估計，有些不肖商家出於利益出售過期食品，影響消費者的人身安全。為了解決這樣的問題，沃爾瑪的應對方案就是引入區塊鏈技術。沃爾瑪表示未來蔬果供應鏈與區塊鏈結合，將要求合作廠商業務加入區塊鏈平台，目的是一旦食品發生問題時，可以迅速追蹤並收回食品。除此之外，沃爾瑪還特別強調，會提供食品供應商一套簡易操作的軟體，廠商不需要懂區塊鏈技術，只要像平時上傳資料到雲端那樣傳到區塊鏈平台就可以。

被傳媒多次報導的食安事件，讓大家防不勝防，相隔沒多久又一起食安事件，爆出得事件愈多，媒體愈喜歡追著跑，惡性循環之下，消費者對食品信心全失，但並非每個人都負擔得起價格高昂的進口貨。這些問題即使政府出手、公權力執法，也難以獲得妥善解決，但是「區塊鏈」卻能夠做到。區塊鏈專家表示：「這個科技不需要信任何人或政府，只需要相信數學和演算法。」使用區塊鏈，不需要提心吊膽地防備任何中間人或仲介，因為交易是由演算法共同驗證。在傳統的物

流程序到銷售期間，不管如何將系統自動化、改良，最難避免的風險往往出於「人」的身上。但是區塊鏈說到底不外乎是一個虛擬科技，如何能夠解決上述這些問題呢？

區塊鏈的特性是所有使用者都能管理和擁有數據記錄，不可能被人隨意竄改。因此在原材料採購、生產、加工、物流以至銷售等程序中，使用區塊鏈以及不同階段的感應器，能不斷地從貨品處收集有關品質的數據，再加上每項記錄都有時間戳記，且不能更改，這樣假貨及異常商品都會立即被偵察到。例如：可以在生產過程中不同的階段，加入能偵測有毒物質的化學感應器，收集產品中有毒物含量的數據，然後再以區塊鏈系統去記錄，這樣一來，就能將食安資料透明化，讓任何人都可以參與偵察奶粉的品質。

前些年，臺灣前衛福部長林奏延亦提議將「區塊鏈」系統使用在食安追蹤的領域上。林奏延指出由於衛福部所推行的追溯系統，耗費龐大的人力去偵查業者提供的上下游資料，若能引用「區塊鏈」儲存及不易竄改的公開性，能大幅減少人力成本。

部分業內人士認為，醫療也被認為區塊鏈技術自金融後第二大的應用。在前文我們也有提到現在醫療檔案的保管問題一直處理的不太妥當，當採集的個人資料愈來愈多時，就有可能會產生個資被洩漏的疑慮，最典型的例子就是指紋、身分證等。且如果醫療資料中的身高、體重、血糖、血壓等訊息遺失或錯置了，不僅會耽誤病患的治療，還會造成醫護人員的麻煩。從這裡我們可以明白一件事，中心化的數據

庫都是很難確保其安全性的，很多業內人士認為區塊鏈是現在能想到的解決方案。所以才會有數金科技這樣的企業，將區塊鏈技術落實到醫藥場域，以解決資料破碎化的問題。

傳統的數據中心化保管很容易導致大規模洩露資訊的情況發生，例如：美國第二大醫療保險公司 Anthem 被駭客入侵，偷走 8,000 萬病人和僱員的記錄；加州大學醫療網遭駭，450 萬病人資料被竊。在這個例子中，由於網路操作的問題，讓駭客有機會碰觸到所有數據，一個單點故障就能夠導致訊息的安全性亮起紅燈。

而區塊鏈技術可以透過多重的簽名機制和加密技術來防止這樣的情況再次發生。當數據被加密後，放置在區塊鏈上，並使用多簽名技術，制定一些的規則讓授權的人來讀取數據，無論是醫生、護士或者病人本身都需要獲得許可，必要時，可以設置需要 3 個人中有 2 個人授權才可以讀取的條件。

總結上述，區塊鏈有三個對醫療很重要的優點：首先是多節點，因為備份多，難以被摧毀。再來是區塊鏈的數據不能被竄改，這個在醫療科研上有很重要的作用。最後則是區塊鏈能做到多私鑰的複雜權限保管，可以設置只有一個或者多個人能打開，或設定複雜的時間和多把私鑰才能打開的條件。醫療特別適合多權限的保管，因為病人、護士、醫生分別會在不同的時段使用病歷，而且最好讀取權限還有時間上的限制，過了某個治療時間段只有某個治療醫生才能讀取，這樣能大幅度降低資料被竊取或毀損的可能性。

區塊鏈企業 GEM，已經和多個公司的醫療健康部門進行合作。

他們表示：「我們正追求在金融交易之外的領域應用區塊鏈，各家醫療企業正掀起使用區塊鏈技術來提高數據完整性及安全性的浪潮。除了醫療健康數據保存方面，區塊鏈網路還可以使用在收付款上。如果能夠在管理醫療支付的整個過程中使用區塊鏈，那麼也就能運用區塊鏈系統來處理病人醫療記錄的整個過程。」

GEM 的區塊鏈平台使用了多重簽名技術，和加密密鑰鏈來解決身分和訊息的安全性。一個區塊鏈可以永久地記錄和儲存網路活動，用戶在被授權的情況下，才能進行索引或者追加記錄。

最令人感到興奮的是，對於區塊鏈技術來說，和醫療健康進行結合完全是一個全新的領域。愈來愈多企業和醫療機構看到區塊鏈技術對人們生活的影響，將會逐步加強在醫療健康領域中推廣和實施該技術的力度，並且獲得最佳的效率及安全性。

區塊鏈下，誰是最大的贏家與輸家

近幾十年，我們享受了資訊網路帶來的便利，當我們寄一份電子郵件時，事實上我們給對方的是一份副本而非原創版本，但這不會有什麼爭議；但若我們將電子郵件的角色換成資產，例如：版權、股票、音樂、地產……卻是沒有辦法單純寄出去的。因為我們現在依然需要透過中間機構或是仲介，像是保險公司、銀行、社交媒體公司等，在我們的經濟活動中產生信用力，可見這些中間機構在我們的生活中扮

演重要的角色，因為在各種商業行為及交易過程中都需要使用它們，整體來說，過去它們還算是好用的，但之後問題也愈來愈多了。

因為這些機構都是中心化管理的，這也就代表著，它們容易被駭客入侵，隨著科技的發展，還有增加的趨勢，簡直防不勝防。然而，它們也把好幾百萬人屏除在經濟活動之外，例如錢不夠的人不能在銀行開戶，且它們也浪費了很多人力與時間。

今天發一封信到世界任何一個角落，只要幾秒鐘的時間，但透過銀行體系，卻要好幾天或幾個禮拜的時間，才能把錢從一個城市轉到另一個城市，而且成本十分高昂，僅僅是把錢轉到另一個城市，就要收取 10％ 的費用。再細想一些，他們手中還握著我們所有的資料，隱私被侵犯了，卻利用這筆資料變現或者用它來改善我們的生活。最大的問題是，它們可能會越線挪用我們的無形資產，這代表著在使用這些機構時，我們的財富雖然增加了，但社會的不公也跟著增加。

所以現在、未來的我們，需要的不只是資訊網路，還要有價值網路。如果有個大型的全球記帳本，每個人都可以參與、使用各種類型的資產，如交換貨幣到音樂版權，都不用透過中間機構的介入就能執行儲存、移動、交易、交換、管理的動作，那該有多好？

在 2008 年金融海嘯的時空背景下，一位匿名者叫中本聰的人，創造了數位現金協議的白皮書，運用在一個叫做比特幣的加密電子貨幣上。人們可以不用透過第三方就能使用這個加密貨幣建立經濟活動的信任關係，而這樣的一個動作，在世界上很多地方引起了廣大的迴響，很多人對這項科技感到激動，但其背後真正厲害的地方，就是以

它為基礎的「區塊鏈」技術。它能讓人類可以互相信任，點對點地處理事情。而這個信任的機制，並不是由一些大型機構所發布的，而是由集體使用一些頂尖的計算所組成的加密方式。

金錢、音樂這些資產轉換成數位科技後，並不是集中在一個中心地方存放著，而是用最高級的密碼計算學存放在世界各地的帳本裡，當一個交易產生時，它就會被記錄在全球各地好幾百萬台電腦裡面。

此外，世界各地還有一群人被稱之為「礦工」的人。他們不是地底下的年輕人，他們是挖數位貨幣的礦工。他們的電腦有超強的運算能力比世界上所有的 Google 電腦還要快 10 到 100 倍，這些礦工做了很多工作，每 10 分鐘，就會有一個區塊產生，有點像是網路的心跳，每一個區塊記錄著前 10 分鐘所有的交易。

所以如果駭客想進入這個區塊中，比如說他想用同樣一筆錢，同時支付給兩個人，就必須駭進該區塊，以及之前它所經過的全部區塊，和所有的歷史交易記錄，再進入萬千台電腦，執行同樣的動作，更不用說這些電腦都是使用最高級的加密技術，想要破壞成功必須躲過全世界運算資源最強的監視環境下。這比我們現今所有的資訊系統還要困難，所以這就是區塊鏈可以安全運作、值得信任的原因。

區塊鏈主要作用是提升金融市場效率，而現在有很多「出售效率」的第三方服務公司，他們最容易受到區塊鏈的威脅。

銀行之間使用區塊鏈技術自行結算後，結算中心的收益會出現危機。區塊鏈平台提供的公共總帳因為網路中所有的參與者而產生信用，這是取代結算中心的關鍵因素之一。區塊鏈很可能讓交易雙方相互結

算，繞過了結算中心，只需要中央證券登記處向帳戶轉移所有權即可，不過遺憾的是，雖然技術上是可行的，它仍需要各方屬於同一個區塊。另外，監管方也需要參與到各類交易中。監管者之所以喜歡 CCP 模式（集中交易對手），是因為能在一處查看交易流程，追蹤風險。而且雙邊交易可能損失 CCP 所帶來的一些好處，比如即時結算需要全額支付，這會讓流動性管理更為複雜。

另外像託管銀行主要處理現金及證券，但它也為交易增加了成本，如帳簿記錄、電匯及還款收費。它們正在積極試驗區塊鏈，因為效率提高以後對它們會有偌大的好處，再加上託管銀行在可靠及安全性上一向都有聲譽，也了解如何迎合監管者，所以他們對區塊鏈的應用會逐步推進。例如：資產管理公司 Northern Trust 已經在與第三方合作。

不過，雖然託管銀行剛開始會因為區塊鏈而受益，比如減少經營成本，其系統也能夠更快地結算，市場也樂於接受更短的結算周期。但從未來發展的趨勢來看，託管銀行的重要性會降低，因為託管及後勤服務會因區塊鏈的廣泛應用而過時。

區塊鏈會透過移除中間人，減少中介費並降低基礎設施複雜度來降低金融機構大量的成本；另一個好處是加快結算時間及周期，這可能為大型銀行節省龐大的費用。

區塊鏈的去中心化、數據完整透明的特性，將改變以往人類需仰賴第三方進行中間媒介來從事有效交易的活動，如轉帳、支付、資料記錄、價值轉移。這樣一來，能大幅提升經濟活動的效益，將價值直接傳遞到具有生產力的一方，這不僅能應用在金融科技領域，還可運

用於整個社會。

　　區塊鏈其基本概念是打破過去必須依賴第三方的全球中央化交易帳本，是讓大家能夠共同維護的資料庫，它可以儲存所有的交易記錄。透過帳本就可以自己決定傳輸個人的數位分身資料（如戶籍、個人財產資料）或權利給另一方。

　　區塊鏈上的帳本如同我們平常使用的雲端一般，包含寄送者、交易內容、收取者等資訊，通通記錄在區塊鏈裡，例如 A 使用貨幣購買物品就是一個交易記錄。將數個交易記錄打包在一起，加上 Hash 簽證，就可以形成一個區塊，而區塊跟區塊的連結形成鏈，整個區塊鏈就如同形成帳本的連網，在這共識網路的協定之上，可以做出許多的應用。

　　區塊鏈擁有 5 大功能，是我們日常會使用到的，分別是作為交易媒介、記帳單位、儲存價值、電子公證、智能合約，前三項是貨幣基本功能，而電子公證是因區塊鏈帳本具有數據的公證性，因此可以將一些資訊寫入區塊鏈做為電子公證的歷史記錄。

　　而智能合約則是須要先建立條件以程式碼的方式呈現在區塊鏈上，例如每個月須存款到某帳戶，若連續半年沒收到存款則觸發條件，其中，這個條件可以包括執行價值移轉，比如將數位資產直接移轉另一個帳戶，或透過第三方處理實體資產。

　　區塊鏈以比特幣基礎的技術，由於區塊鏈是使用演算法而形成的網路，其防禦惡意軟體與不可竄改的特性能使我們降低對中介者的依賴。所以，已經有許多大型企業投入區塊鏈技術並籌組聯盟來推動發

展。

關於區塊鏈技術，除了我們耳熟能詳的比特幣外，包括由 IBM 等業者所成立的超級帳本計畫、專注在智能合約的以太坊，以及大陸成立的 Chinaledger、R3 CEV 的 Corda 等都是目前值得關注的區塊鏈列強。

最後，透過市面上陸續浮出的智能機制，例如透過區塊鏈平台投票，答對的人能自動得到獎勵，讓我不禁想未來可能連地方首長都是個智能合約！這也是我認為區塊鏈技術不只能運用在金融科技、醫療、食品的原因。

雖然區塊鏈的應用科技已愈趨成熟，但相對於其它新興科技，還在一個初級發展的時段，眼前有許多待克服的難題，但潛力與影響力卻是相當大的！如果政府能夠投入區塊鏈的研究，領先世界各國，將多項產業都融合進區塊鏈裡，吸引各方人才來臺灣做生意，何愁不能再創造一個經濟奇蹟呢？現在的我們處於橫跨新科技的革命年代，能夠愈早掌握科技的先機，就能夠提前做好布局和準備，翻轉你的人生與財富力！

網路的下一站
元宇宙 Metaverse

The New World :
Blockchain &
Metaverse

1 | 元宇宙是什麼？

一句話就可以解釋元宇宙：「平行於現實世界的虛擬世界」。

「元宇宙」的孕育是吸納了資訊革命（5G/6G）、網路革命（Web3.0）、人工智慧革命，以及 VR、AR、MR，特別是遊戲引擎在內的虛擬實境技術革命成果，向人類展現出建構與傳統物理世界平行的全息數位世界的可能性；引發資訊科學、量子科學，數學和生命科學的互動，改變了科學模式；推動傳統的哲學、社會學甚至人文科學體系的突破；囊括所有數位科技，包括區塊鏈技術，豐富了數位經濟轉型模式，造就 DeFi、IPFS、NFT 等數位金融成果。

1992 年，美國著名科幻大師尼爾‧史蒂文森（Neal Stephenson）在其小說《雪崩》（Snow Crash，又譯《潰雪》）中描述到元宇宙：「戴上耳機和眼鏡，找到連接終端，就能夠以虛擬分身的方式進入由電腦模擬，與真實世界平行的虛擬空間。」所以準確地說，元宇宙不是一個新的概念，它更像是一個經典概念的重生，將擴展現實（XR）、區塊鏈、雲計算、數位孿生等新技術下的概念具像化。

元宇宙雖然備受各方關注和期待，但沒有一個公認的定義。回歸概念本質，可以認為元宇宙是在傳統網路空間基礎上，伴隨多種數位

技術成熟度的提升，構建形成現實與虛擬混合而成的數位世界。同時，元宇宙並非一個簡單的虛擬空間，而是把網路、硬體終端和用戶囊括進一個永續、寬廣的虛擬現實系統之中，系統中既有現實世界的數位化複製物，也有虛擬世界的創造物。當前，關於元宇宙的一切眾說紛云，因為從不同視角去分析會得到差異性極大的結論，但元宇宙所具有的基本特徵已得到業界的普遍認可。

　　Second Life 是第一個現象級的虛擬世界，發布於 2003 年，擁有強大的世界編輯功能與發達的虛擬經濟系統，吸引了大量企業與教育機構進駐。開發團隊聲稱它並不是一個遊戲，「沒有可以製造的衝突，沒有人為設定的目標」，人們能在其中社交、購物、建造、經商。在 Twitter 誕生前，BBC、路透社、CNN 等報社將 Second Life 作為發布平台，IBM 曾在遊戲中購買過地產，建立自己的銷售中心，瑞典在遊戲中建立駐 Second Life 大使館，西班牙政黨也曾在遊戲中進行辯論。

取自網路。

以下是多位從業人員和專家從不同角度對元宇宙的認識和界定。

① Eric Redmond（Nike 技術創新全球總監）

元宇宙跨越了現實和虛擬實境之間的物理及數位鴻溝。

② Dave Baszucki（Roblox CEO）

元宇宙是一個將所有人相互連結起來的 3D 虛擬世界，人們在元宇宙擁有自己的虛擬身分，可以在這個世界裡盡情互動，並創造任何他們想要的東西。

③ Luke Shabro（未來學家，Mad Scientist Initiative-Army Futures Command 副主任）

一個與虛擬混合的現實，具有不可替代和無限的項目和角色，不受傳統物理和限制的約束。

④ Emma-Jane MacKinnon-Lee（Digitalax CEO 兼創始人）

元宇宙在我們生活的各個方面分層的「完全互動式現實」，它是我們一直夢寐以求的人類之間的結締組織。

⑤ Piers Kicks（BITKRAFT Ventures 團隊成員）

一個持久、即時的數位世界，為個人提供一種代理感、社會存在感和共用空間意識，以及具有參與社會影響和廣泛虛擬經濟的能力。

⑥ Elena Piech（AMP Creative 體驗製作人）

元宇宙被視為虛擬世界與物理世界的逐漸融合。僅要一個智慧鏡頭和 BCI 設備*，我們便能進入被資訊包圍的世界——工作、娛樂、教育等。這是網路的下一次反覆運算，是生命的下一次反覆運算。

* BCI 設備：人腦機介面（英語：brain-computer interface），是在人或動物腦（或者腦細胞的培養物）與外部裝置間建立的直接連接通路。在單向人機的介面，電腦接受腦傳來的命令或傳送訊號到腦，但不能同時傳送和接收訊號。反之，雙向人機介面則允許腦和外部裝置間的雙向資訊交換。

⑦ Ryan Gill（Crucible 聯合創始人兼 CEO）

去中心化是關鍵，如果元宇宙將成為我們生活中很大一部分，就像網路一樣，那麼它越接近現實，它就會越抽象，透過我們對它的相關經驗及其周邊相關的經驗來定義。

⑧ Neil Redding（雷丁期貨創始人兼 CEO）

元宇宙是一個無限的空間，人類在其中可以經由多感官刺激，達到我們在物理空間中所有的一切。當前技術已能實現元宇宙這一願景的一小部分，包括 3D 逼真的沉浸式視覺效果、空間化音訊、原始觸覺回饋和語音交互反應、不受地理、空間的限制等。

⑨ Bosco Bellinghausen（Alissia Spaces 創始人）

元宇宙是一座真正的橋樑，它是現實和虛擬之間的門戶。50 年後它將成為我們通往太空及其他領域的門戶。

⑩ Rafael Brown（Symbol Zero CEO）

元宇宙不是被動的，它不是串流視頻、不是聊天、它是一種我們尚未構建，但具有存在感，能身臨其境的體驗，因此它必須是可互動式、即時呈現的，還需利用尚不存在的技術。但我們不能簡單認為現有技術或使生活舒適的技術便是元宇宙，它必須是一個朝向未來的概念，即我們將創造超越當前存在的東西。

⑪ Jason Warnke （埃森哲全球數位體驗主管高級董事總經理）

我們在埃森哲創造了「Nth Floor」這個詞，我們正在為超過 55 萬名員工建立我們的全球虛擬世界，並快速成長，能夠以全新的方式參與……因為我們從來沒有真正擁有過一個企業園區總部，相信我們現在有機會以現實世界中前所未有的方式，將我們的員工聚集在一起。

⑫ Claire Kimber（Posterscope 集團創新總監）

我認為元宇宙是包含所有虛擬體驗、包羅萬象的空間；由數百萬個數位星系組成的可觀測數位宇宙。

⑬ Esther O'CallaghanOBE（Hundo.careers 聯合創始人）

我希望它最終會像 Ready Player One 中的 Oasis 一樣，由更關心社群、而非利潤，並能將其用於現實和虛擬世界的年輕人所擁有。這聽起來或許太天真和樂觀——即便如此，我仍這麼認為！

⑭ Karinna Nobbs（TheDematerialised 聯合首席執行官）

我認為元宇宙是下一個重要的第三空間，它不是家（第一空間），不是工作或學習（第二空間），而是可以度過休閒時光的地方。它是社區生活的支柱，也是結識新舊朋友的地方。

⑮ 湯姆‧艾倫（人工智慧雜誌的創始人）

一個呈指數級成長的虛擬世界，人們可以在其中創造自己的世界，以他們認為最合適的方式，適應來自物理世界的經驗和知識。

⑯ Richard Ward（麥肯錫全球首席 VR 經理）

我們已經進入元宇宙，它主要是 1D、2D（Zoom、Google Sheets 等共用生產力應用程式）、2.5D（Fortnite、Virbela 等遊戲）、3D（VR/AR）才剛剛進入發展階段，未來 4D 也是指日可待。

⑰ 肯尼斯‧梅菲爾德（XyrisInteractive Design 首席執行官）

從自閉症成年人的角度來看，我對元宇宙的定義是，它實際上是

對我們感官輸入、空間定義和資訊訪問點假設的重新配置。感官飛躍是從我們對物理興趣點、經緯度和邊界以及導航的適應，我們將無意識地識別為「位置」、運動和存在的更複雜的概念。即將到來的元宇宙是由軟體和硬體共同實現的，但最關鍵的飛躍是我們對作為空間的共用幻覺的信念。與簡單的網頁相比，元宇宙與立體感知、平衡和方向更接近，更接近於我們理解它的方式。

我們現在透過電腦和手機與數位世界進行交互，但與沉浸在 VR 中以及透過 AR 將數位持久化到現實世界相比，這缺乏在數位世界中訪問真實的有用認知失調，反之亦然。這些元素的總和以及我們必不可少的參與要大於讓元宇宙在我們的體驗中具有獨特存在感。

以上幾位代表不同組織的專業人士對元宇宙的看法，大多數專業人士認為元宇宙概念是——

- ⬀ 描述了人類未來虛實融合空間。
- ⬀ 現在還不存在的完全互動式的實現。
- ⬀ 一個持久、即時的虛擬世界，為個人提供一種代理感、社會存在感和共用空間意識，以及具有參與社會影響的廣泛虛擬經濟的能力。
- ⬀ 虛擬世界與現實世界的逐漸融合。
- ⬀ 元宇宙是一個有效的無限空間，人類可以在其中做我們在物理空間中所做的一切，並且伴隨著多感官刺激。

◒ 網路的下一次反覆運算。

◒ 去中心化及價值傳遞是關鍵。

像區塊鏈一樣，代表我們每個人、生物和機器的平等，一個真正的技術民主，將使每一個真實的生命和人造的生命平等。每個人都將擁有一個真正的數位孿生，100% 擁有它，能夠在現實和虛擬實境之間穿梭，並且永遠保持自我。

元宇宙的由來與現況

2020 年可謂人類社會虛擬化的臨界點，因疫情加速社會虛擬化，在 Covid-19 的隔離政策下，全社會上網時數大幅增加，宅經濟快速發展，線上生活由原先短時間參與的例外狀態成為常態，甚至變成了與現實世界的平行世界。因此，虛擬生活不再是虛假的，更不是無關緊要的，尤其是線上與線下打通，人類的現實生活將開始大規模地向虛擬世界遷移，人類將成為能跨足現實與虛擬世界的兩棲物種。

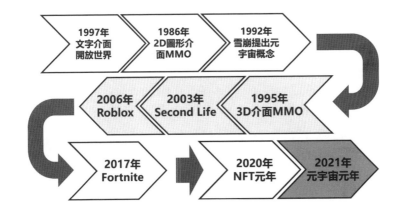

經濟學家朱嘉明說：「2021 年可以被稱為元宇宙元年。元宇宙呈現超出想像的爆發力，其背後是相關元宇宙要素的『群聚效應（Critical Mass）』，近似 1995 年網路所經歷的『群聚效應』。」

早在 1992 年，科幻作家尼爾·史蒂文森創作的《雪崩》中第一次提出並描繪了元宇宙，在行動網路到來之前就預言了未來元宇宙中人類的各種活動。

▲元宇宙起源於科幻小說《雪崩》。

現在，阿弘正朝「大街」走去。那是超元域（元宇宙）的百老匯，超元域的香榭麗舍大道。它是一條燈火輝煌的主幹道，反射在阿弘的眼鏡中，能夠被眼睛看到，能夠被縮小、被倒轉。它並不真正存在，但此時那裡正有數百萬人在街上往來穿梭。「電腦協會全球多媒體協議組織」的忍者級霸主們都是繪製電腦圖形的高手，正是他們精心製定出協議，確定了大街的規模和長度。大街彷彿是一條通衢大道，環繞於一顆黑色球體的赤道之上，這顆球體的半徑超過 1 萬公里，而大街更是長達 65,536 公里，遠比地球赤道長得多。

......

這條大街與真實世界唯一的差別就是，它並不真正存在。它只是一份電腦繪圖協議，寫在一張紙上，放在某個地方。大街，連同這些東西，沒有一樣被真正賦予物質形態。更確切地說，它們不過是一些

軟體，透過遍及全球的光纖網路供大眾使用。當阿弘進入超元域，縱覽大街，當他看著高樓和電子標識牌延伸到黑暗之中，消失在星球彎曲的地平線之外，但實際上只是盯著一幕幕電腦圖表，即一個個用戶界面，出自各大公司設計的無數軟體。若想把這些東西放置在大街上，各家大公司必須徵得「全球多媒體協議組織」的批准，還要購買門面土地，得到分區規劃許可，獲得相關執照，賄賂檢查人員等等。這些公司為了在大街上營造設施所支付的錢，會全部流入由「全球多媒體協議組織」擁有和營運的一項信託基金，用於開發和擴充機器設備，維持大街繼續存在。　　　　　　　　　　　　　——摘自《雪崩》

　　而後 1999 年的《駭客任務》、2018 年的《一級玩家》則把人們對於元宇宙的解讀和想像搬到大銀幕上。2020 年疫情的到來，改變了人們的生活模式，Facebook 運營的 VR 社交平台 Horizon 引爆熱潮；2020 年美國的 ACAI 科技大會選擇在《動物森友會》舉辦；2021 年 3 月，元宇宙第一股 Roblox 成功在紐交所上市。

　　元宇宙英文是 Metaverse，其中 Meta 是「超前」，具有解構和重塑之意，而「Verse」由 Universe 一詞演化而來，Metaverse 體現人類對事物本質和宇宙本源的探索，對理想化世界的追逐。其實元宇宙一直存在於網路之中，在 2D 內容時代，QQ 使用者會認為 QQ 秀是元宇宙，動漫迷認為《刀劍神域》是元宇宙，遊戲玩家認為《Dreams》是元宇宙，這些場景基本滿足了相應時段人類對「虛擬世界」的需求。進入 3D 時代，元宇宙目前的存在形態，基本上和 VR/AR 發展現狀

相似，以娛樂和遊戲為主，未來還會有其他行業不斷被探索發展，但目前元宇宙概念的確切定義仍被各界激烈探討。

元宇宙基本特徵包括：沉浸式體驗、低延遲和擬真感，讓用戶有身歷其境的感官體驗；開放式創造，用戶透過終端進入虛擬世界，可利用海量資源創造活動；社交屬性，現實社交關係鏈將在虛擬世界發生轉移和重組；穩定化系統，具有安全、穩定的經濟運行系統。

自 2021 年 8 月以來，元宇宙受到科技巨頭、政府部門的青睞，使得元宇宙概念更加炙手可熱，日本社交巨頭 GREE 宣布將開展元宇宙業務，輝達也在其發布會上展示數位替身，微軟則在 Inspire 全球合作伙伴大會上宣布企業元宇宙解決方案，各大科技巨頭爭相布局元宇宙領域，一些國家的政府相關部門也積極參與其中。

2021 年 5 月 18 日，韓國科學技術和資訊通信部發起成立「元宇宙聯盟」，該聯盟包括現代、SK 集團、LG 集團等 200 多家韓國本土企業和組織，其目標是打造國家級增強現實平台，並在未來向社會提供公共虛擬服務；2021 年 7 月 13 日，日本經濟產業省發布《關於虛擬空間行業未來可能性與課題的調查報告》，總結了日本虛擬空間行業極需解決的問題，以期能在全球虛擬空間行業中取得主導地位；2021 年 8 月 31 日，韓國財政部公布 2022 年預算，計畫斥資 2,000 萬美元用於元宇宙平台開發。

目前元宇宙仍處於行業發展的初階段，無論是底層技術還是應用場景，與未來的成熟形態相比仍有很大一段距離，但這也意味著元宇宙相關產業可拓展的空間巨大。因此，擁有多重優勢的數位科技巨頭

若想要守住市場，數位科技領域初創企業若想取得超車的機會，就必須提前布局，甚至加碼元宇宙賽道。

元宇宙前傳：開放多人遊戲

1979 MUDS、 MUSHe	1986 Habitat	1994 Web World	1995 Worlds Incorporate	1995 Active Worlds
第一個文字交互界面的、將多用戶聯繫在一起的即時開放式社交合作世界。	第一個2D圖形界面的多人遊戲環境，首次使用了化身avatar。也是第一個投入市場的MMORPG.	第一個軸測圖介面的多人社交遊戲，用戶可以即時聊天、旅行、改造遊戲世界，開啟了遊戲中的UGC模式。	第一個投入市場的3D介面MMO，強調開放性世界而非固定的遊戲劇本。	基於小說《雪崩》創作，以創造一個元宇宙為目標,提供了基本的內容創作工具來改造虛擬環境。

著名平台的元宇宙發展參考如下。

- 1993 年，元宇宙是一個 MOO（基於文本的低頻寬虛擬實境系統），由 Steve Jackson Games 運營，作為其 BBS Illuminati Online 的一部分。

- 1995 年，基於《雪崩》一書概念所設計的遊戲 Active Worlds，其分散式虛擬實境世界初步實現了元宇宙的概念。

- 1998 年，威爾·哈威和傑佛瑞·文特拉創建了一個 3D 線上虛擬世界，可以使用數位貨幣 Therebucks 購買物品和服務。

- 2003 年，林登實驗室推出 Second Life。該項目的目標是創建一個由使用者定義的世界，例如元宇宙，人們可以在其中互動、玩耍、開展業務和進行其他交流。

- 2004 年，Will Harvey、Matt Danzig 和 Eric Ries 創立 IMVU，

它是一個帶有 3D 頭像的即時通訊工具。

◆ 2005 年——

- 密西根大學啟動了 Vmerse，以利貧困的少數民族準申請人更容易進入他們的校園。Vmerse 被描述為一項革命性創新，旨在增加校園的多樣性，藉由網路在電腦上發布，作為視頻、表單的組合，透過虛擬實境嵌入到鏡像世界中，還用於校友關係、捐贈者活動以及應急響應培訓。路易斯安那州立大學、愛荷華州立大學、哥倫比亞大學、史丹佛大學、西伊利諾大學等也使用了 Vmerse 技術。美國國務院更將 Vmerse 部署為「你到美國學習的五個步驟」，以利國際學生申請美國大學，全世界已有超過 10 億用戶使用它。Vmerse 由 Bhargav Sri Prakash 於 2004 年創立，它現在已經成為 FriendsLearn 在醫學上使用的專有基礎平台。

- 法國 Télécom 研發實驗室的 Joaquin Keller 和 Gwendal Simon 推出一個免費開源系統 Solipsis，旨在為類似元宇宙的公共虛擬領域提供基礎設施。

- Croquet 專案開始是一個開源軟體發展環境，用於「在多個作業系統和設備上創建和部署深度協作的多使用者線上應用程式」，其目的不像 Second Life 那樣專有。2007 年 Croquet SDK 發布後，該項目成為 Open Cobalt 項目。

◆ 2006 年——

- 大型多人線上遊戲 Entropia Universe 推出，為世上第一個能直接將遊戲中的錢幣兌現的遊戲。

- Roblox 推出。為 Roblox 公司開發的線上遊戲平台和遊戲製作系統。
- 2007 年，OpenSimulator 推出，與 Second Life 協議相容的免費開源虛擬世界軟體。
- 2008 年，Google Labs 於 2008 年 7 月 8 日推出網路社群遊戲 Lively，玩法類似於 Second Life，現已停止服務。
- 2013 年，開源平台 High Fidelity Inc 成立，提供用戶創建和部署虛擬世界，並在其中一起探索和互動。
- 2014 年，社交 VR 平台（Social VR Platform，SVRP）VR Chat 推出，用戶能使用外部工具開發 3D 空間和頭像。
- 2015 年，社交 VR 平台 Altspace VR 推出，用戶能使用外部工具開發 3D 空間。
- 2016 年——
  - 社交 VR 平台 Sinespace 推出，使用戶能夠發布使用外部工具開發 3D 空間和內容。
  - 社交 VR 遊戲 ecRoom 推出，並於 2017 年擴展為支援用戶生成的空間。
  - 社交 VR 遊戲 Anyland 和 Modbox 推出，允許用戶使用內置工具開發 3D 空間。
- 2017 年，Sansar 於 2017 年 7 月 31 日推出，用戶可以自由創建 3D 空間，在其中共享交互式社交體驗，例如在 VR 中玩遊戲、觀看視頻和線上對話。

⮯ 2018 年——

- Solirax 推出 NeosVR Metaverse。

- Cryptovoxels 於 2018 年以作為用戶擁有的元宇宙為宗旨推出，使用以太坊區塊鏈。

⮯ 2019 年，Facebook 宣布旗下的 Horizon 將成為一個 VR 世界的 Facebook。

⮯ 2020 年——

- 去中心化虛擬平台 Decentraland 推出。

- 雲驅動的真人秀 Rival Peak 推出，在虛擬環境中由 AI 參賽者主演，在 Facebook Watch 上首次亮相。個人或觀眾群體可以透過 Facebook 觀看或互動，直接為 AI 參賽者在節目中的進步做出貢獻。

- 社交 VR 平台 SomniumSpace 在以太坊區塊鏈上啟動。

⮯ 2021 年——

- Epic Games 推出一款元宇宙概念的遊戲 Fortnite。

- Microsoft Mesh 是一套混合現實的軟體，可透過微軟的 MR 眼鏡 Holo Lens2 實現虛擬存在。

- 以音樂表演為主的 Sensorium Galaxy 社交平台推出，可體驗身歷其境的演唱會感受。

- 韓國宣布成立全國元宇宙聯盟，目標是打造全國統一的 VR 和 AR 平台。

- Facebook 宣布嘗試開發元宇宙，母公司正式更名為「Meta」。

- Roblox 作為元宇宙第一檔股票的上市，推動元宇宙概念的出現。元宇宙成為席捲網路、VR/AR、金融投資領域的新趨勢。人類似乎已經進入了虛擬宇宙的大發現時代。

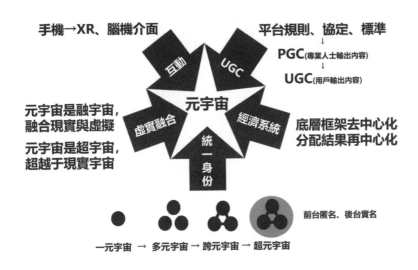

🚀 人類社會的平行數位時空

元宇宙（Metaverse）可以籠統地理解為一個平行於現實世界的虛擬世界，現實世界中人們可以做到的事，都可以在元宇宙中實現。元宇宙強調的是生態的完整性和用戶的主觀性，也就是說，用戶在元宇宙中不只是一個被動的玩家，可以像現實生活一樣，按個人需求去社交、玩耍、創造和交易等，《一級玩家》中的虛擬世界 OASIS（綠洲）被普遍認為是元宇宙的最終形態代表。

元宇宙第一股：Roblox。

電影《一級玩家》中的 OASIS（綠洲）
能夠代表元宇宙的願景。

　　前文有提及，元宇宙起源於美國科幻小說《雪崩》，描述一個平行於現實世界的虛擬世界「超元域（Metaverse）」，它擁有現實世界的一切形態。用戶在元宇宙中都是第一人稱視角，每個接入的用戶都可以擁有一個自己的虛擬替身，用戶可以自由定義自身的形象。

　　元宇宙為擁有現實世界一切形態，現實世界中的所有人和事都被數位化投射在平行虛擬世界裡，你可以在這個世界裡做任何你在真實世界中可以做的事情。

元宇宙概念現成為全球資本市場新熱點，Facebook 在 VR 領域不斷投入，其創辦人祖克伯認為當 VR 的活躍用戶達到 1,000 萬時，VR 生態才能迎來爆發的奇異點；蘋果收購了 NextVR Inc.，以增強蘋果在娛樂和體育領域的 VR 實力；Google 在 VR 方面的布局著重在軟體和服務上，如 YouTube VR；米哈遊資助瑞金醫院研究腦機接口技術的開發和臨床應用……等等，元宇宙瞬間成為資本追捧的熱門標的，它正向著數位世界躍遷，而元宇宙之所以能快速躍遷，是因為它是一個承載虛擬活動的平台，用戶能進行社交、娛樂、創作、展示、教育、交易等社會性、精神性活動，這一切的經濟活動量體非常巨大。

　　元宇宙為用戶提供豐富的消費內容、公平的創作平台、可靠的經濟系統、沉浸式的交互體驗。讓人們能夠寄託情感，讓用戶有心理上的歸屬感。你可以在元宇宙體驗不同的內容，結交虛擬世界的好友，創造自己的作品，進行交易、教育、開會等社會活動。

　　元宇宙最有可能的起步領域為遊戲領域，因為遊戲本就具有虛擬場景及玩家的虛擬化身，所以遊戲將漸漸超出了本身功能，不斷打破次元，產生新的模式。

　　2020 年 4 月，美國著名流行歌手 Travis Scott 在遊戲 Fortnite 中，以虛擬形象舉辦一場虛擬演唱會，吸引全球超過 1,200 萬玩家參與其中，打破了娛樂與遊戲的邊界。

　　而在 Covid-19 疫情期間，加利福尼亞大學分校為了不讓學生因為疫情錯過畢業典禮，在沙盤遊戲 Minecraft 裡重建校園，學生以虛擬化身齊聚一堂完成儀式。

全球頂級 AI 學術會議之一的 ACAI，還把 2020 年的研討會放在了任天堂的《動物森友會》上舉行，打破了學術和遊戲的邊界。還有因疫情無法進行線下聚會，一些家長在 Minecraft 或 Roblox 上為小孩舉辦生日派對，很多人的日常社交也變成一起在動森島上釣魚、抓蝴蝶、串門子，打破生活和遊戲的邊界。

加利福尼亞大學在 Minecraft 舉辦 2020 年畢業典禮。

而作為人類社會的平行數位時空，元宇宙具備以下特點：

① 經濟系統穩定

元宇宙有著和現實世界相似的經濟系統，用戶的虛擬權益得到保障，元宇宙和現實是互通的，用戶創造的數位資產可以脫離平台束縛，自由流通，例如你在虛擬世界獲得的寶物，可以在實體世界使用，你的寶物可以換成貨幣、物品、服務等等，在目前虛擬遊戲中獲得的寶物，大部分只能在原本的遊戲中使用，元宇宙將打破這一孤島現象。

甚至將來實體的不動產買賣交易，都可以透過元宇宙的模型來進

行看房、議價、簽約、產權移轉，未來元宇宙的世界一定是虛實整合，不再是現在的實體世界為主導，元宇宙裡的數位資產價值可能還會為現實資產產生價值，這種現象是絕對有可能的，如同現今的比特幣，比特幣是一個看不到摸不著一連串數字，但比特幣卻比現今世界上所有的法定貨幣更加值錢。

在虛實整合的大環境下，全世界的經濟體將被綑綁在一起，單一小地區的經濟體將無法運作，最終會被元宇宙龐大的經濟體如同黑洞般吸引過去，在這種巨大的經濟體下，再加上區塊鏈的去中間化、去中心、分散式帳本下，經濟系統的穩定性將大大增加。

② 虛擬身分認同感強

我們知道任何的社交系統之下，都會有一個照片或是 Logo 來代表你身分的表徵，LINE 的系統之下就有虛擬人物，當然這個設計是為了更加接近於人跟人之間的社交感覺，所以在元宇宙的虛擬環境下，也會有一個虛擬身分，但這個身分未來必須經過驗證的，如同銀行做 KYC 的審核，目的是確認身分，一旦經過了嚴謹的安全審查，會比現實世界上的身分認同來得強。元宇宙中的虛擬身分具備一致性、代入感強烈等特點，用戶在元宇宙以虛擬身分進行虛擬活動。一般依靠訂製化的虛擬形象、形象皮膚和形象獨有的特點，來讓用戶產生它的獨特感與代入感。

③ **高度社交性**

元宇宙能提供豐富的線上社交場景,隨著網路和科技的發展,我們與他人互動的方式也逐漸發生轉變。在元宇宙中,人與人之間的溝通不再局限於文字、圖像、視訊,可以有更多的表達方式,VR/AR 無疑將元宇宙在社交方面的優勢體現得淋漓盡致。

VR Chat 是一款大型多人線上虛擬現實軟體,玩家們可以透過虛構的角色進行交流,比如創造來自各個知名 ACG 系列的重要人物,並將其作為他們的角色,這些模型可以支持「聲音對嘴、眼動追蹤、眨眼和動作」,於是我們便能透過 VR Chat,以更豐富的肢體語言在虛擬世界中與世界各地的人們進行交流。

而一直走在趨勢前沿的微軟,在 2021 年 3 月發布了 Microsoft Mesh,這是一個全新混合現實協作的平台,透過配戴其設備 Hololens 2,可以設置一個虛擬形象,並與他人在一個共同空間協作,一起完成一些事項或討論。

比如,從右頁圖中可以看到大家正在遠程構建、設計一輛車,每個人可以透過手部動作隨意調整車體的設計,還能用 3D 設計圖勾勒出自己想要修改的部分。這樣的協作方式在 AR 的加持下,不僅達到了如同線下開會、面對面高效交流的效果,還一併簡化了設計和修改工作,溝通效率和設計效率大大提升。

VR 和 AR 直接將社交的交互層面從平面提升到立體層面,多一個方式所帶來的資訊量與交互豐富程度是完全不一樣的。在未來,隨著元宇宙其他基礎設施的完善,元宇宙在社交的全新體驗和表達優勢

將進一步體現出來。

利用 AR 技術與遠端工程師一同開發汽車。

④ 開放自由創作

　　元宇宙的重要特徵是開放和自由創作，元宇宙要包羅萬象，就離不開大量用戶的創新、創作，如此龐大的內容工程，需要開放式的用戶創作為主導，且元宇宙的平行世界不斷擴張，擺脫了現實世界時間和空間的束縛，讓用戶能夠放飛自己的想像力，在虛擬世界裡自由搭建任何想要做的東西，並與其他用戶碰撞出更多靈感火花。

　　在 Decentraland、Sandbox 和 Cryptovoxels 等多個項目，用戶購買虛擬地產後，可以透過搭建自己喜歡的建築，展示自己的 NFT 產品，或是搭建自己的辦公室，甚至可以在裡面開餐廳、數位展廳等，而且這些成果可以在項目內進行交易、展覽，賺取數位貨幣。

　　以 Decentraland 為例，2020 年向用戶正式開放，當時除了創始

人的基本建築外，大部分土地都是空的。

虛擬土地。

2021 年，Decentraland 已經發展得很好，很多公司都在這裡開設辦事處，還有購物中心、賭場、活動場所和畫廊等。

很多加密項目，比如 Rarible、Winklevoss Capital、CoinGecko 等，都在 Decentraland 建構自己的辦公室，在裡面進行推廣，參觀者可以透過參與該項目的活動，並在活動中獲得代幣。

⑤ 沉浸式體驗

元宇宙為網路（互聯網）的延伸，過去很長一段時間內，我們透過電視機瞭解世界各地的消息、觀看體育賽事直播等，電視機成了人們無聊時候的解藥。現在，網路替代了電視曾帶給我們的一切，更帶來之前不曾有過的新體驗，而元宇宙則是將更多的體驗嵌入到沉浸式的環境中，擴展了網路的體驗範疇。

「第三空間」是指與家庭（第一空間）和工作場所（第二空間）分開的社會環境，比如咖啡廳、圖書館等場所。「第三空間」既包括實體的活動場所，也包括虛擬的網路世界，遊戲產業即是典型的第三空間代表產業，遊戲可以讓人們透過網路和朋友一起參與實際的活動。

元宇宙中，最主要的部分就是活動，隨著元宇宙擴展到包括沉浸式學習、購物、教育、旅行等領域，並透過以活動為導向的方式，如遊戲的方式給人更沉浸的體驗。

簡單來說，人們可以把沉浸式想像成一種我們正處在某個地方的錯覺。今天的「沉浸式」體驗手段包括 AR 和 VR，以及任何可以讓人們覺得自己正存在於不同空間或地方，遊戲中的虛擬世界也是沉浸式體驗的一種方式。

同時，沉浸式體驗不僅限於圖形體驗。比如 Clubhouse，它其實也已是元宇宙的一部分，Clubhouse 為用戶提供了一種與一群人在一個房間裡學習、社交和對話等活動的錯覺。遊戲作為交互性最好，資訊最豐富，沉浸感最強的內容展示方式，可謂元宇宙最主要的內容和內容載體。同時，元宇宙是 VR 虛擬實境設備等最好的應用場景之一，

憑藉 VR 技術，元宇宙能為用戶帶來感官上的沉浸式體驗。

元宇宙的支柱與架構

元宇宙 4 大核心技術：交互技術、通訊技術、計算能力、核心演算法，彼此為互補關係。

① VR 與 AR 交互技術

VR＝虛擬實境，也就是你看到的一切都是虛擬的。VR（Virtual Reality）翻譯為「虛擬實境」，較知名的產品包含 HTC Vive 以及 Oculus Rift，還有 Sony 的 Play Station 等等。虛擬實境是透過電腦來模擬具備整合視覺與聽覺訊息的 3D 虛擬世界，臨場感與沉浸感格外強烈，容易讓你身歷其境，不過你所看到的一切都是虛擬的，正因為如此，Sony 甚至建議要坐著使用，以免使用時過於投入虛擬實境，而發生意外、產生危險。

AR＝擴增實境，將虛擬資訊加入實際生活場景。AR（Augmented Reality）翻譯為擴增實境，顧名思義就是將現實擴大，在現實場景中加入虛擬資訊。常見例子包含 Google Glass 以及汽車車載系統（可將車速、導航等資訊投影或反射在擋風玻璃上，讓駕駛可以避免低頭，提高駕駛的安全性），另外近期被 Facebook 收購的 MSQRD App，還有 LINE Camera 等 App，也都使用了 AR 技術，讓你在自拍時可

以加入一些虛擬效果，好比偽裝成鋼鐵人，或是戴上兔寶寶髮箍、墨鏡。

VR 與 AR 全身追蹤和全身傳感等多維交互技術帶來元宇宙的沉浸式交互體驗。

② 通訊技術

5G、WiFi6 等多種通訊技術提升傳輸速率 & 降低時延，實現虛擬實境融合和萬物互聯架構。我們常說的 5G、6G，即第 5 代行動通訊技術和第 6 代行動通訊技術，很多人會認為它們只是在 4G 的基礎上加大了頻寬和網速，但行動通訊技術的進步，其實與我們的生活和經濟，甚至是元宇宙的發展有著密不可分的聯繫。

5G 具有高速度、低功耗、低時延、萬物互聯的特點。以實時互動的遊戲來說，低延時很大程度上決定了使用者的遊戲體驗，而隨著智慧裝置、可穿戴裝置等需求的增加，萬物互聯能讓我們快速邁入智慧時代，VR/AR/MR 作為開啟元宇宙大門的第一把鑰匙，5G 一定是實現元宇宙落地的基礎。

再來說說 6G，它的流量密度和連線密度比 5G 提升至少 10 倍不止，除此之外，還能在 5G 萬物互聯的基礎上實現更強大的萬物互聯，在現實世界和虛擬世界的互動中，進一步增強沉浸化、智慧化、全域化。儘管 6G 技術還在布局當中，可是一旦實現，將會帶領元宇宙實現跨越性的進步。

③ 計算能力

作為數位經濟時代生產力，其發展釋放了 VR/AR 終端壓力、提升續航，滿足元宇宙上的雲需求。網路 3.0 時代離不開計算的支撐，儘管雲端計算已經走過 10 年歷程，但隨著網路的快速發展，資料傳輸量的增大，資訊傳輸延時、資料安全性等問題日益突顯，於是霧計算、邊緣計算等概念應需而生。

雲端計算是一種在短時間內完成大量資料處理的集中式計算，它利用網路將資料上傳到遠端中心進行分析、儲存和處理，為全世界提供服務，就好比全國交通指揮中心。與雲端計算相比，邊緣計算更靠近裝置端，資料不必再上傳到雲端，比如智慧手機、ATM、智慧家居等裝置上都可以完成邊緣計算，因此邊緣計算更像是某一個十字路口的交通警察。

而霧計算就是地方的交通指揮中心，你可以理解為本地化的雲端計算，它一方面減輕了雲端計算的承載壓力，另一方面分散式的特點使得其運算速度更快、時延更低。作為實現元宇宙重要的後端基礎設施，未來元宇宙的實現一定伴隨著海量的資料處理需求、影像繪製需求以及高擬真的使用者體驗，這些計算能在不同的環境和場景中提供不同的功能，是元宇宙發展中不可或缺的一環。

④ 核心演算法

推動元宇宙的 3D 繪製模式視頻品質提升，AI 演算法縮短數位創作的時間，賦能虛擬化身等多層面產業發展。

人工智慧是研究、開發用於模擬、延伸和擴充人類智慧的理論、方法、技術及應用系統，也可說是一門新科技，它是一門涉及廣泛的技術，幾乎所有學科都可以結合 AI 進行新的探索。

　　當然，在元宇宙領域人工智慧無處不在，上文提到的繪製技術也都用到了 AI 技術。而在此處我們重點提及人工智慧在建構元宇宙的豐富度上的能力。

　　輝達執行長黃仁勳的「虛擬發布會」讓眾人為之驚奇，見識到了 Omniverse 工具的製作能力，但這個短短 14 秒鐘的虛擬發布會，竟需要總共 34 位 3D 美術師和 15 名軟體研究人員參與，如果真要用人工的方式去建構豐富的元宇宙，那得需要多少的時間和人力。所以，光靠 UGC（使用者生產內容）和 PGC（專業生產內容）來構建元宇宙是十分耗時費力的，因此一種以 AI 技術作為支撐的內容生產方式 AIGC 正在悄然興起中。

　　rctAI 正是一家運用人工智慧為遊戲產業提供完整解決方案的公司，試圖利用人工智慧生成內容，創造真正的元宇宙。

　　透過 AI 為元宇宙自動生成相關的元件構建元宇宙，再輔以人工去微調精修元宇宙的重要元件，大幅降低構建元宇宙的週期和人力。另一方面，還能利用演算法訓練 AI，讓 AI 有能力脫離編劇與策劃，對玩家行為做出即時反饋，從而實現無窮的劇情分支，並節省大量的開發成本。

　　如此一來，元宇宙裡的虛擬人物就可以跳出傳統遊戲 NPC 的既定模式，變成比 Siri 更智慧的虛擬人，沒有固定的模式，還能根據玩

家的反饋，做出不同的反應，形成真正完全自由、完全沉浸的元宇宙，如同《脫稿玩家》裡男主角在覺醒後的反應。

接著繼續討論建構元宇宙的 4 大技術支柱，分別為：區塊鏈技術（Blockchain）、遊戲（GameFi）、網路通訊（Network）、顯示技術（Display）。

① 區塊鏈技術（元宇宙根基）

正因為元宇宙需要建構整體的虛擬世界，彼此能在同一個虛擬世界中互通，將實體世界中的人類文明與經濟、社交、身分、資產移轉至虛擬世界，而且寄望在這個虛擬時空中，維持保障個人的權力與權利，因此數位資產、數位分身的權力表彰，正是區塊鏈的私鑰！可以預期，區塊鏈技術將在元宇宙的架構中扮演重要環節，成為元宇宙中打造民權的重要基礎。

那區塊鏈技術如何產生虛擬的我們呢？近期區塊鏈加密貨幣技術已經帶來答案，技術提供了去中心化的清結算平台，智能合約、DeFi、NFT 的出現保障元宇宙的資產權益和移轉，今年最熱門的 NFT 即可作為個人在虛擬世界的數位分身。NFT 非同質化代幣，相較比特幣、以太幣這類代幣，具有相同的數位碼，NFT 每顆代幣都有各自的數位資料，所以就算在不同的 NFT 上寫入相同的內容，如同一幅藝術品，但不會被視為同一顆代幣。

解決完數位分身後，再看看區塊鏈技術的特性，區塊鏈本身就是

一個去中心化的帳本，讓所有參與者能協作與共享，所以可以預期區塊鏈技術將是元宇宙重要基礎設施，讓所有人、資產、資訊等均可在區塊鏈平台移動。

相信伴隨區塊鏈與加密貨幣技術的發展，元宇宙在不久的未來將影響全世界，儘管目前元宇宙仍只在虛擬實境、區塊鏈遊戲等娛樂性產業發揮，但可以預期隨著科技的演進與國際科技大廠的推動下，元宇宙有望成為人類的新未來。

② 遊戲

為元宇宙提供交互內容並實現流量聚合，遊戲是進入元宇宙最佳的賽道，也是最先行的入口，自 Covid-19 爆發以來，大多數的活動都轉變為線上模式，2021 年後數位世界已經變得越來越流行，全球投資者開始將資金投入到數位資產中，包括虛擬土地、獨特的數位藝術作品等。

2020 年已經出現許多投資虛擬土地的大量買家，他們渴望增加他們的數位財產。隨著虛擬世界不斷發展，以及人們對虛擬土地的需求不斷增加，很多新的項目開始集中力量開發屬於自己的虛擬實境世界，又加上近期 NFT 概念火熱發展，區塊鏈遊戲也受到越來越多的關注。

③ 網路（5G）

5G 網路的升級保障了資訊的傳輸速率，目前 5G 用戶每月以 1%

滲透率速度成長，蘋果 iPhone 13 買氣比去年好，可以說有過之而無不及，主要是蘋果不再採取分批上市，決定全部一起上市，有加速 5G 用戶成長。但 5G 何時大爆發，短期內尚看不到爆發性成長契機，5G 還是需要有創新的殺手級應用，包括物聯網、元宇宙、AR、VR，所以業界預估要到 2024 至 2026 年 5G 才會呈爆發性成長。

元宇宙熱潮有一定的時代背景，目前社會正經歷從 4G 到 5G 的轉變，智慧手機作為 4G 時代的產物，未必能發揮出 5G 的強大威力，而下一代運算平台為何？資本市場紛紛將目光瞄準 VR 設備，元宇宙也因此掀起一股熱潮。

④ **顯示技術：沉浸式體驗**

沉浸感是指 3D、超高清電視、VR、AR 以及「增強現實（XR）」，使得元宇宙和現實世界難以區分。也許未來元宇宙會猶如電影《全面啟動》，需要藉助特定的東西，才能在元宇宙與現實之間轉換，VR、AR、MR 等顯示技術則為使用者帶來更沉浸式的體驗。

元宇宙的核心是底層科技的反覆運算和進步，基於元宇宙的不可預測性，元宇宙時代的網路具體是什麼樣子，將如何改變生活、社會、文明，我們或許預測不到，但科技的大致發展方向是可追尋、可預測的，元宇宙初期科技和應用的發展正迴圈是可以跟蹤的，這才是研究元宇宙的基石。

元宇宙的「科技和應用」發展正迴圈可分為 8 層架構，分別為：硬體、網路、計算、虛擬世界平台、可交換性的協議與工具、支付、內容 & 服務與資產、使用者行為，以及讓整個元宇宙生態運作起來的經濟系統。

在元宇宙的第二階段，它可能是一個始終線上且即時繪製的 3D 網絡（虛擬世界），將現實和虛擬連接在一起。那個時候網絡將對人類生活達到 100% 滲透，每日使用時長提升至 24 小時（全時性）。

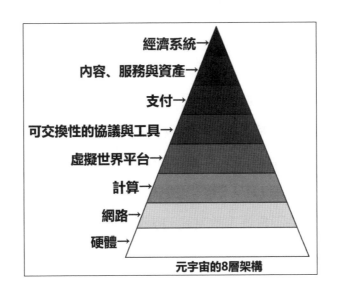

元宇宙的8層架構

① 第一層：硬體

包括 VR 眼鏡、手機、可以裝在身上的感應器，以及攝影機等偵測器。

② 第二層：網路

高速即時的網路，以及去中心化的資料交換。

③ 第三層：計算

包括虛擬世界模擬真實的物理碰撞運算、光影運算、人工智慧，以及投影與動態捕捉的計算等。

④ 第四層：虛擬世界平台

開發並且營運這些虛擬的元宇宙世界，擁有遠比現有線上遊戲更龐大、更豐富的生態系。

⑤ 第五層：可交換性的協議與工具

在元宇宙，不同虛擬世界的資料或資產是可以被相互交換的，所以需要一套能夠讓這些數位資料在不同世界交換的通用協議及相關工具。這意思就好比是 MP4 的影片格式，它在現有的影片網站上大多通用，每個影片網站不會要求改為自己獨立的影片格式。

⑥ 第六層：支付

支援數位支付的系統，包括了法幣的數位支付，以及加密貨幣與區塊鏈的支付。

⑦ 第七層：內容、服務與資產

元宇宙中數位內容與數位資產的創造、管理與銷售。

⑧ 第八層：經濟系統

使用者因為元宇宙使生活行為與型態產生轉換，改變思維模式。舉例來說，使用者可能更願意持有元宇宙中的房子，而非現實世界的房子。

Rolox 公司創始人認為元宇宙應該擁有的要素，即身分、朋友、沉浸感、低延遲、多元化、隨時隨地、經濟系統和文明，這足以概括出元宇宙的全貌，但我個人認為元宇宙應在 Roblox 的 8 要素上，另外增加 3 要素。

① 持續性

這個世界能夠永久存在，不會因為某些利益或是政治因素而被停止，元宇宙就是平行於真實世界的虛擬宇宙，元宇宙的存在會逐漸走向自然化，如同真實的宇宙一樣，會隨著當時的時空背景改變，比如恐龍時期就有恐龍世紀的場景和應用，到了人類出現後就有人類出現

後的文明。

　　元宇宙很多的場景應用不會在開發初期就設想到，將隨著參與者的擴建逐漸增加，每個人的想法創意無限，讓元宇宙非常多樣化，每一個單獨元素都快速被創造出來。一旦進入元宇宙這個大社群裡，每個元素定會混合並互相碰撞，最後產生新的化學變化，屆時的改變沒辦法以現在的思維去預測，因為元宇宙如同現實世界般的複雜，一點點小變化都有可能創造出不同的結局，如同蝴蝶效應。

② 可創造性

　　虛擬世界裡的內容可以被任何個人使用者或團體用戶創造，在元宇宙的世界裡，每個用戶都是創造者，所以元宇宙也可以說是一個最大的開發平台，每個人的經驗和創造力不同，相信在未來的元宇宙世界裡，一定會有很多令人驚艷的事物發生，令人期待。

③ 可連線性

　　數位資產、社交關係、物品等都可以貫穿於各虛擬世界之間，並可以在「虛擬世界」和「真實世界」間轉換，未來在元宇宙的世界裡，你的工作場景、賺錢的空間，不再局限於在真實世界，有可能早上起床準備上班，只要帶上 AR、VR 的穿戴設備，進入元宇宙就好，在元宇宙裡有無限的可能，它比真實世界少了一個「行」的時間成本，我們都知道在真實世界裡，交通成本是不便宜的，例如在日本搭乘計程車就非常昂貴，除了金錢開銷外，還有一個時間成本，例如你今天被

公司派到美國出差，那 10 幾個小時的飛行時間，絕對讓你痛不欲生，但在元宇宙的世界裡，「行」這個概念可以被打破，不論是交通成本還是交通時間，都會跟現實世界有截然不同的體驗。

④ 即時性（低延遲）

元宇宙中的一切都是同步發生的，能夠與現實世界保持即時和同步，擁有現實世界的一切形態，用戶在其中可以獲得近乎無延時的體驗。好比《一級玩家》中，主角在現實世界中任何輕微的動作都可能影響到其在元宇宙的角色。

⑤ 相容性

元宇宙的用戶、開發者、創作者雖然都來自不同地點，但任何參與元宇宙的個體都可以在不同的終端運行元宇宙，並沉溺其中，元宇宙可以容納任何規模的人群和事物，任何人都可以進入。

⑥ 經濟系統

元宇宙存在完整運行的經濟系統，能夠支援交易、支付、靠勞力創造收入等，在虛實整合的世界裡，任何的經濟行為都可以存在兩個宇宙之間，而且價值可以自行定義，例如在真實世界裡，一個大麥克漢堡售價 100 元，在元宇宙的世界裡就變成一個虛擬漢堡，用來補充一些經驗值，虛擬漢堡的價格可能是 200 元，你可以分別去購買，而且購買方式有非常多種，但現金支付應該會被淘汰，取而代之的是數

位加密貨幣的錢包，而且支付過程會非常快速、安全，未來也很有可能用虛擬的漢堡，在真實世界去換兩個大麥克漢堡，在元宇宙的想像無限。

⑦ 身分

每個人在元宇宙都有獨一無二的化身，可以自行改變成任何自己想要成為的人或對象，就如《雪崩》裡描寫的：「每個人的化身都可以做成自己喜歡的任何樣子，這就要看你的電腦設備有多高的配置來支持了。即使你模樣很醜，仍舊可以把自己的化身做得非常漂亮。哪怕你剛剛起床，可你的化身仍然穿著得體、裝扮考究。在超元域裡，你能以任何形象出現：如一頭大猩猩、一條噴火龍……」

⑧ 朋友

《一級玩家》裡，艾奇說雅蒂米思「可能是個 136 公斤的男的，住在底特律郊區他媽媽的地下室裡，名叫查克。」但實際上是一個豪爽的黑人女孩。在元宇宙的社交和現實生活中有一定的區隔，我們不知道對面的人現實生活中是怎樣的，但這並不妨礙我們在元宇宙中成為朋友。

⑨ 沉浸感

3D、超高清電視、VR/AR 以及「增強現實」，使元宇宙和現實世界難以區分。未來元宇宙可能和《全面啟動》一樣，我們需要藉助特定的東西，才能在元宇宙與現實之間轉換。

⑩ 多元化

宇宙提供了豐富多樣的內容、道具、素材，元宇宙對每個用戶而言都是獨一無二的，是屬於個人的世界，每個人都是自己的上帝，是對現實一切生活方式的完美復刻，其多元化程度最終會和現實世界趨同，甚至更包羅萬象。

⑪ 文明化

虛擬的文明就是一段疊代的代碼，元宇宙不應該是完全放任自流的，它仍然需要文明來規範所有人的生活，以保證整個宇宙的穩固。在區塊鏈的世界裡，代碼即是法律，元宇宙因為是在虛擬空間，所以現行的法律條文並不適用，加上元宇宙是全世界集合的虛擬空間，不適用各國不同的風俗所製定的法律，因此元宇宙會衍生一套自己的秩序，未來虛實整合下的元宇宙，非常有可能在虛擬世界違反法律，你必須在現實世界或虛擬世界裡受到懲罰，做到真正虛實整合的規範。

預估元宇宙的終極形態將會是開放性和封閉性的完美融合，就像蘋果和安卓可以共存一樣，未來的元宇宙不可能一家獨大，但也有可能誕生超級玩家。超級玩家會在封閉性和開放性間保持一個平衡，這種平衡可能是自願追求的，也可能是國際組織或政府強制要求的。

因此，未來的元宇宙會是一個開放與封閉體系共存，甚至可以局部連通，大宇宙和小宇宙相互融合，小宇宙有機會膨脹擴張，大宇宙有機會碰撞整合，就像我們的真實宇宙一樣。

元宇宙終局將由多個不同風格、不同領域的元宇宙組成更大的元宇宙，用戶的身分和資產會跨元宇宙同步，人們的生活方式、生產模式和組織治理方式等均將重構。這個終極版元宇宙將會承載更大的商業價值，也許會出現新的超級玩家，同時新的創業公司也會在細分領域嶄露頭角、百花齊放。

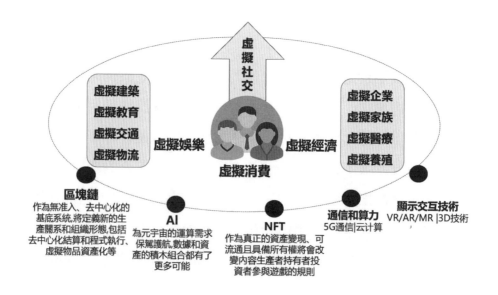

元宇宙未來可能會經歷多個虛擬平台，但終將朝統一的元宇宙世界演進。元宇宙世界的構成需要四方面：虛擬世界、電子商務、去中心化的技術以及社交媒體。每一項都有許多大平台經營維護，且這些平台將會朝向統一平台邁進，這是必然的趨勢，不然任何平台的孤島都將會被淘汰，想不被淘汰就得參與元宇宙大平台的對接，當然，統一平台的目標還非常遠，且在此之前元宇宙可能經歷兩個階段。

➲ **第一階段**：多個虛擬社區「分散式」存在，一些公司先創造出一個自己的虛擬平台（目前就是如此）。

➲ **第二階段**：眾多平台在一定的機制下實現互通，由一套系統串聯起來。當現實中各類型公司的功能在虛擬世界中交叉存在時，元宇宙也就出現了，而這些屬性有可能是由一家公司來統一開發的，比如電影《一級玩家》裡創造出虛擬世界「綠洲 OASIS」的遊戲公司。

　　元宇宙的市場機會在於虛擬世界完全映射現實世界，可是市場空間將擴大一倍以上，而且這是人類歷史以來首次開發的未知領域，所以有著無限商機。

　　任何公司都可以構建一個虛擬世界，Facebook 可以構建一個虛擬的人際與社群世界，迪士尼可以構建一個虛擬遊樂園，亞馬遜可以構建一個虛擬購物世界，只是這些世界要能夠互聯互通，並存在一套能夠統一運作的社會、經濟系統。

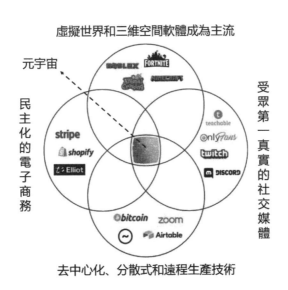

🚀 元宇宙的 14 項核心觀點

關於元宇宙，可能仍有許多讀者對此感到懷疑，我整理出以下核心觀點，相信你看了之後，心中的狐疑便會解除。

觀點一——

元宇宙既不是平行世界，也不是完全虛擬的世界，而是現實和虛擬的結合，是一個與現實世界平行存在、相互連通、各自精彩的模擬世界。元宇宙既不是一個與現實世界完全平行存在的世界，更不是一個與現實世界徹底阻斷的虛擬世界，元宇宙得以存在和其發展的根基來自於它可以實現。

- 🔁 個人娛樂更極致的體驗。
- 🔁 個人效率的提升。
- 🔁 社會效率的提升。

虛擬世界僅側重於人們的娛樂體驗提升，平行世界側重於滿足人們的效率提升。

觀點二——

元宇宙不僅存在於線上虛擬世界，也存在於線下實體世界；未來線上與線下、真實世界與模擬世界之間會無縫融合、互通有無，等於是實體世界所鏡射出的另一個虛擬世界。

元宇宙作為一個現實世界和虛擬世界的結合體，雖然初期會從線上虛擬世界起步，但未來一定會創造各種線下沉浸式的體驗，把線上虛擬世界和線下的實體世界逐漸從局部打通，轉變為全面連通。這種無處不在的沉浸感會從遊戲、社交等泛娛樂體驗，逐步延伸到各種現實場景的線上線下一體化，將人們對極致娛樂體驗和效率提升的需求最大化。

觀點三──

元宇宙不可能是一家獨大的封閉宇宙，也不可能是完全扁平化的開放宇宙，而是一個開放與封閉體系共存、大宇宙和小宇宙相互鑲嵌的空間，就好比蘋果和安卓可以共存，未來的元宇宙不可能一家獨大，但也不可能沒有超級玩家。

超級玩家會在封閉性和開放性間保持一個平衡，這種平衡可能是自願追求的，也可能是國際組織或政府強制要求的。因此，未來的元宇宙會是一個開放與封閉體系共存，甚至可以局部連通，小宇宙有機會膨脹擴張，大宇宙有機會碰撞整合，就像我們的真實宇宙一樣。

觀點四──

從商業價值的角度看，如果一定要用定量的指標來衡量，元宇宙意味著更大的使用者規模、更長的線上使用時間和更高的 ARPU。

ARPU（每位用戶平均收入 Average Revenue Per User，簡稱 ARPU；有時也稱 Average Revenue Per Unit，每單位平均成本）是

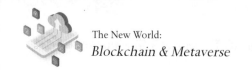

電信業的術語。就電信業者而言，用戶數與通話量是公司獲利的重要指標，而 ARPU 為其基礎之一。

在現有的行動網路世界裡，無論是整體的用戶數量還是用戶時長，已經難有突破，但元宇宙因為可以改變人與外部世界連通和相處方式，所以未來有可能打破這個瓶頸，在使用者規模、人均使用時間和人均 ARPU 等，帶來量級上的提升，從而創造出比行動網路還要巨大的商業價值。

觀點五——

元宇宙的基本構成要素包括用戶身分及關係、沉浸感、即時性和全時性、多元化和經濟體系等，必須這些要素全部完善，才是真正意義上的元宇宙；今天的科技還無法充分做到這一點，但或許已經蘊藏了通往未來元宇宙的鑰匙，只是我們距離真正的元宇宙還相距甚遠。

因此，今天我們看到的元宇宙還只是一個雛形，是一個處在「哺乳期」的元宇宙，但這也意味著商機無限大。

觀點六——

元宇宙是一個龐雜浩大的系統工程，核心可分為三個層級：資料層、交互層和技術層，在這三個層級裡，資料層和技術層會率先突破。

⊙ **資料層**：人、物、環境。

⊙ **交互層**：人與人的交互（社交）、人與物的交互（交易及經濟）、

物與物的交互（物聯網）。

> **技術層：**所有提供技術支援的技術場景（5G/AI/物聯網/雲/區塊鏈等）。

元宇宙的演進遵循社會發展的基本規律：先創建了人，人與人之間產生了關係，繼而產生了基於關係的商品和服務交易，最終在商品和服務交易的基礎上自我迴圈、加強、演進和完善。

這三個層級裡，資料層和技術層一定會最先突破。資料層發展路徑可基於單一元素來實現，比如資產的數位化上鏈、虛擬人物、沉浸式觀影等。技術層是具有跨週期性和高適配性的，無論內容端如何變化，底層技術可以應用到不同場景。交互層的要求最高，需要大量的內容反覆運算、使用者關係導入和資產協同。但只有實現了交互層的布局和突破，才會走向實質意義上的元宇宙，這也是為什麼大家說 Roblox 目前距離元宇宙最近。

觀點七──

短期內，元宇宙的突破口是遊戲、社交與沉浸式內容；也因此，華人公司最有機會獲得元宇宙首張船票的公司應為騰訊，其次是字節跳動和愛奇藝。

在固網和行動網路時代，頂端公司都是首先佔據了用戶最核心的需求（如資訊、社交、娛樂、購物等），繼而透過流量優勢逐步拓展，形成生態。所以元宇宙也會遵循同樣的邏輯，必須從滿足使用者的核

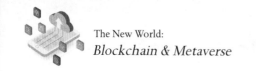

心需求入手，其中與元宇宙 1.0 最為密切相關的便是用戶的娛樂和社交需求，因為只有這兩個領域，元宇宙的沉浸感能帶來更顯著的用戶體驗。也因此目前看來，最有機會獲得元宇宙首張門票的公司是牢牢站穩遊戲、社交和長視頻內容三大可沉浸領域的騰訊。

此外，擁有短視頻內容和直播資源的字節跳動，以及擁有大量可沉浸內容版權和 VR 內容產出能力的愛奇藝，這二家企業也有相當大的機會去爭奪元宇宙的第二張門票。當然，其它巨頭如阿里巴巴、嗶哩嗶哩彈幕網，它們面對元宇宙亦不會無所作為。

觀點八──

元宇宙的起點不是平台，而是內容。元宇宙需要從內容起步，從內容走向平台，而不是一上來就擺著搭建平台的架勢。因此，元宇宙有可能成為拯救和啟動「後疫情時代」娛樂內容產業的一劑強心針。元宇宙的起點不是平台，而是可以獨立成篇、自我反覆運算、多維立體呈現、吸引用戶參與體驗，甚至參與創作的內容。

觀點九──

長期來看，元宇宙的核心在於多元化與經濟體系的形成。元宇宙雖然在短期內可以從內容和社交誕生和起步，但它長期的成長和成熟一定需要依賴多元化發展和經濟體系的形成。未來的元宇宙絕不僅是一個用戶獲得更好的娛樂和人生體驗的地方，它同時也是一個創造價值、傳遞價值、實現價值和分享價值的平台。

觀點十──

　　未來的終局遠比我們想的複雜，最大的不確定性風險在於政府監管和法制文明。理想中的元宇宙應該是底層開放互通的平台，無邊界、無國界，不歸屬任何單一公司。

　　如今很多國家的政府對於元宇宙的理解還非常初級，但可以預見，隨著元宇宙的發展，未來一定會產生一系列與國家、社會、法治和文明相關的問題和挑戰，元宇宙在給監管者提出難題的同時，也會因為監管者的應對，而不得不面對自身發展的難題。

　　在這個過程中，相關的法律、法規會逐步完善，各國政府的監管能力會逐步提升，國際間的合作與協同亦會逐步加強，監管者、平台提供者、價值創造者和使用者的權責會逐步清晰，元宇宙與真實世界碰撞博弈的過程，也是元宇宙發展、成長的過程。

觀點十一──

　　元宇宙是虛擬與現實的全面交織。

- 元宇宙時代無物不虛擬、無物不現實，虛擬與現實的區分將失去意義。
- 元宇宙將以虛實融合的方式，深刻改變現有社會的組織與運作。
- 元宇宙不會以虛擬生活替代現實生活，而是形成虛實相容的新型生活方式。

⊙ 元宇宙不會以虛擬社會關係取代現實中的社會關係,而是催生線上線下一體的新型社會關係。

⊙ 元宇宙不會以虛擬經濟取代實體經濟,而是從虛擬維度賦予實體經濟新的活力。

⊙ 隨著虛實融合的深入,元宇宙中的新型違法犯罪形式將對監管工作形成巨大挑戰

觀點十二——

元宇宙將加深思維的表象化。

⊙ **印刷技術(概念思維)**:印刷術承載的是「透過表象看本質」的理性思維與嚴肅、有序、邏輯性的公眾話語。

⊙ **多媒體技術(表象思維)**:多媒體技術承載的是前邏輯、前分析的表象資訊,容易導致使用者專注能力、反思能力和邏輯能力的弱化。

元宇宙強調具身交互與沉浸體驗, 加深了思維的表象化,事物的「本質」將不再重要。

觀點十三——

去中心化機制≠去中心化結果。

元宇宙的底層是P2P點對點互聯的網路，從而在邏輯上繞過了對平台仲介的需求，對建立在集中化、科層化原則的組織結構形成了挑戰。

在實踐中，虛擬貨幣的持有量越來越向大戶和機構傾斜，這又帶來分配結果上的中心化和壟斷。

作為"大規模參與式媒介"，使得元宇宙的主要推動力將來自用戶，而不是公司。元宇宙是無數人共同創作的結晶。

在內容市場趨向充分競爭的過程中，資本將尋找優秀的內容創作者予以支持。如果平台沒有可觀的變現機制，優質內容與大型資本的綁定將越來越牢固。

觀點十四——

元宇宙與國家存在深刻張力。

元宇宙與國家存在深刻張力

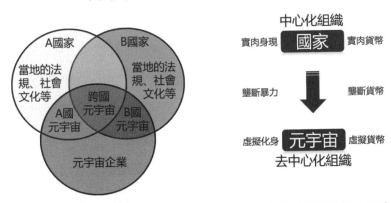

跨國元宇宙的在地化空間

元宇宙與現代國家的張力

常見的 9 個問題

元宇宙成為科技圈和資本圈大熱的話題，除微軟、Facebook、輝達、宏達電等紛紛投入布局，連 VISA、蘇富比等金融、精品業也開始擁抱元宇宙。元宇宙作為虛擬世界和現實世界融合的載體，蘊含社交、內容、遊戲、辦公等場景變革的巨大商機，當界線消融，撼動的是原來的商業板塊，但卻可能產生全新的商業模式，如此趨勢你還不掌握嗎？列出以下常見問題，讓你及時釐清，不在此趨勢大門前猶豫、徘徊。

① 為什麼元宇宙會備受關注？

對元宇宙關注度的提升，一方面是基於人們對娛樂體驗和生產、生活效率提升的需求，另一方面則是 5G、AI、區塊鏈技術和 VR/AR 顯示技術的可實現度越來越高。且近年的 Covid-19 疫情無疑是加速器，人們的生活場景從線下轉移到線上，這種「被迫」的轉變反而讓大家對元宇宙的雛形有了更多的思考、討論和關注。

縱觀過往資訊技術和媒介的發展歷程，人類不斷改變認知世界的方法，開始有意識地改造和重塑世界。從報業時代、廣播電視到網路時代、行動網路時代，元宇宙概念下的工具和平台日益完備，通往元宇宙的台階逐漸清晰。自 2020 年以來，各國網路公司圍繞 VR/AR、雲技術和區塊鏈等高新科技展開緊密布局，一點一點敲開通往元宇宙的大門。

② 元宇宙的本質是什麼？

參照現實世界，可以總結出構成元宇宙的 5 要素：人（生產力）、人的關係（生產關係）、社會生產資料（物料）、經濟（交易體系）和法律關係和環境及技術生態體系。元宇宙是對這 5 要素進行改造和建構，形成能夠映射現實且獨立於現實、可回歸宇宙本質的存在。

元宇宙將由跨越國界和邊界的不同公司與組織打造，建立開放、具互通性和可攜的模擬世界。元宇宙既相通又獨立，既虛擬又現實，這樣的魅力引發人們更加密切的關注和探索。

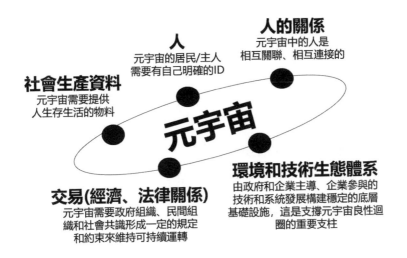

③ 元宇宙的特徵有哪些？

各方觀點不一，但有一定共性。比如 Facebook 認為「元宇宙是一個跨越許多公司、涵蓋整個行業的願景，可視之為行動網路的升級版，讓人們能更自然地參與網路」；著名投資人 Matthew Ball 則認為「元宇宙中有一個即時的線上世界，人們可以同時參與其中，並擁有

完整運行的經濟，是跨越現實和虛擬的世界」。

經過梳理和分析，整理出如下 5 個特點，元宇宙終極形態必須滿足以下任意一點。

 虛擬身分（現實世界的人將有一個或多個元宇宙 ID，並對其負責）。

 社交關係（各元宇宙 ID 之間將產生具有現實感的真人社交關係）。

 極致臨場感（低延遲和沉浸感保證現實世界的人能有充足的「臨場感」）。

 極致開放性（現實世界的人能在任何地點、時間進入，進入後可享用海量內容）。

 完整的經濟法律體系（整個元宇宙安全性和穩定的保證，延續元宇宙衍生出的文明）。

④ 元宇宙的底層驅動因素是什麼？

人類追求世界的本質是永恆的主題。技術的演進和人的需求升級是交替前行的，需求端是否強烈、是否持續存在，對應著供給端提供的解決方案和生態是否足夠，決定著產業是否可升級、新的生產、生活和娛樂方式是否有持續突破的可能性。

 **供給端：**技術條件日益成熟，產業政策穩步支持。5G 基地台的部署及區塊鏈落實到各城市的應用辦法，無一不顯示著雲計算、5G、區塊鏈和 VR/AR 等技術日新月異的發展，為推動元宇宙做足底層基礎設施的準備。

需求端：娛樂和社交迎來新的突破點，Z 世代重視精神娛樂消費，並隨著疫情催化，形成線上辦公、學習和娛樂的習慣。

⑤ 元宇宙的未來發展路徑是怎樣的？

以 10 年作為一個周期去展望未來元宇宙的發展，會有幾個關鍵階段。

第一階段：為近 10 年，元宇宙概念將依舊集中於社交、遊戲、內容等娛樂領域，其中，具有沉浸感的內容體驗是這個階段最為重要的形態之一，並帶來較為顯著的用戶體驗提升。軟體工具上分別以 UGC 平台生態和能構建虛擬關係網的社交平台展開，底層硬體支援依舊離不開今天已然普及的行動裝置，同時，VR/AR 等技術逐步成熟，有望成為新的娛樂生活的載體。

第二階段：將發生在 2030 年左右，元宇宙的滲透主要發生在能提升生產生活效率的領域。以 VR/AR 等顯示技術和雲技術為主，在網路運作下的智慧城市，逐步形成閉環的虛擬消費體系、線上線下打通所構成的虛擬化服務形式，以及更加成熟的數位資產金融生態，這些都將構成元宇宙重要的組成部分。

第三階段：元宇宙終局形成，也許是在 2050 年。這其實是開放式命題，儘管目前各項前沿科技在快馬加鞭，人類需求的升級節奏不斷加快，也因此加速了元宇宙的進度，但不確定性依舊很多。

	遊戲+社交 切入元宇宙概念	快速滲透能提升 生產生活效率的領域	元宇宙 終局形成?
涉及領域	▪遊戲：UGC遊戲平台生態為主 ▪社交：以創造ID身份進行社交關係網的初步建立為主的平臺型嘗試 ▪VR/AR：廣告、電影和視頻等需要結合海量內容的形態為主	▪智慧城市：全真互聯網指導下的數位化城市雛形呈現 ▪新消費：隨著使用者規模和使用時長逐步增加，虛擬和現實世界經濟系統打通，虛擬消費體系逐漸閉環 ▪生活服務：線上線下打通，服務形式逐步"虛擬化" ▪金融系統：區塊鏈&NFT等數字資產生態成熟	▪元宇宙滲透進入各個領域 ▪元宇宙經濟和法律體系逐步構建並成熟 ▪元宇宙映射現實獨立於現實，向終極形態靠攏
技術支持	▪移動設備為主 ▪PC端為輔 ▪VR/AR/MR等技術逐步成熟	▪VR/AR/MR為主 ▪雲技術逐步成熟 ▪各類雲端化設備成為新的切入點	▪腦機介面設備? ▪神經元網路? ▪數字永生?
時間	2021年~2030年	2030年	2050年?

⑥ 元宇宙是大廠的機會還是新玩家的超車彎道？

在元宇宙概念提出前，大廠就開始在相關上下游產業積極部署。

▶ **Facebook**：2014 年以 20 億美元的收購虛擬實境設備開發公司 Oculus，不斷完善技術細節、產品體驗和內容豐富度，目前是全球市場份額最高的 VR 眼鏡品牌（虛擬實境頭戴式顯示器），帶動 VR 消費性設備產業的火紅；2015 年發布的第一款 VR 社交應用 Spaces 目前已下架，取代的是更精緻、流暢，沉浸感更足的 Horizon（2019 年發布），它是一個由整個社區設計和打造的不斷擴張的虛擬宇宙。祖克柏已宣布 Facebook（2021 年 10 月 29 日 Facebook 母公司改名為 Meta，原 Facebook 降為旗下產品品牌）將成為一家元宇宙公司，連接所有可虛擬、可增強、可混合的娛樂

內容商務生活等應用場景。

⊙ **輝達**：公司憑藉技術優勢成為元宇宙底層架構的建設者。2020 年發布 Omniverse，為一個數位協作創作和數位孿生平台，擁有高度逼真的物理類比引擎及高效繪製能力，能支援多人在平台中共創內容，並與現實世界高度貼合。

⊙ **騰訊**：2020 年騰訊雲推出智慧城市底層平台，標誌著騰訊將邁入全真網路時代。此外，也投資布局組成元宇宙的多個關鍵領域，且新一輪人事變動公開聲明將從社交媒體入手發力元宇宙生態。

⊙ **Epic**：為虛幻系列引擎的開發商和 CG 技術的領先者，於 2021 年 4 月宣布完成 10 億美元巨額融資用來打造元宇宙。

　　除現有大廠外，初創企業也伺機而動，希望搶佔先機，在細分領域突圍。目前遊戲、沉浸內容、VR/AR、虛擬人物等，都不斷有新玩家湧現。

⑦ **元宇宙中有哪些可以重點關注的細分賽道？**

　　如果從近期投資或布局角度看，元宇宙仍是一個概念，但不論大廠還是創業公司都已經展開積極探索和布局。針對細分領域討論如下。

⊙ **遊戲**：看好遊戲引擎長期價值，但短期內引爆平台的一定是內容本身。Oculus 的成功已證明內容在硬體更迭中的重要性，但遊戲發展存在一個悖論，即元宇宙必然需要 UGC 內容來維繫生態，但目前最缺乏的便是 UGC 的內容基因，所以未來基於 AI 能批量化創造

出優質內容的平台也是值得關注的標的。

💬 **VR/AR：**硬體廠商的核心壁壘在於交互演算法與工程能力，但目前都缺乏內容基因，需要持續投入內容產出，所以基於一定的硬體能力，依託大廠內容和資本助力將快速實現爆發成長，同時基於 VR 技術的沉浸式體驗內容也會快速成長起來。

💬 **虛擬人物：**人物身分建立是元宇宙的第一資產，且距離商業化可能更近。

💬 **社交：**短時間內難出現新的大 DAU 級產品。優秀的社交產品應同時具備關係的建立、沉澱和轉化三方面能力，當下社交的內在邏輯仍是透過興趣和內容來彙集使用者形成平台效應，新的產品也一定是基於新人群的興趣，或提供差異化的互動方式。

因此，可以長期看好基於上述形態的底層技術公司。

⑧ 元宇宙不是什麼？

元宇宙是一個借助 VR 等技術實現的虛擬世界，可包含各場景。

元宇宙並不等於遊戲，遊戲本身具有任務性和目的性，元宇宙本身雖然類似遊戲，部分場景遊戲化，但元宇宙本身不是遊戲，也不圍繞特定目標。

　　元宇宙向人們提供可以活出另一種人生的虛擬世界，在這個世界中，有完整運行的世界體系。人們可以進行多種場景的日常活動，除遊戲外，還可以進行社交活動、購物、學術活動、休閒娛樂活動，甚至可以透過跑步機等外接設備在元宇宙中運動，它是現實世界的映射。

元宇宙不是什麼?

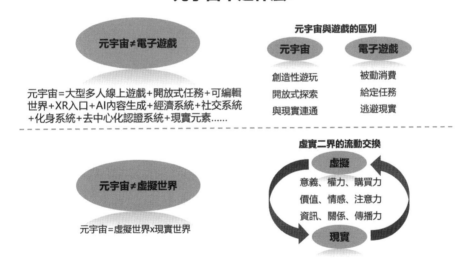

9 為什麼需要元宇宙？

⮎ **技術渴望新產品**：AI 人工智慧、XR、數位孿生、5G、大數據、雲計算、區塊鏈等，對多種新興科技的想像。

⮎ **資本尋找新出口**：場景化社交、虛擬服裝、虛擬偶像、教育、智慧

製造、線上聚會、虛擬土地等,現實疊加虛擬,衍生出巨大的商機。

🔁 **用戶期待新體驗:**可編輯一個全新的開放世界、體感設備、孿生擬真世界、高沉浸度社交、多人即時協作、創造性遊玩等,具身互動*擺脫「拇指黨」。

當前網路產業的主要瓶頸是內卷化*的平台形態,在內容載體、傳播方式、對話模式、參與感和互動性長期缺乏突破,導致「沒有發展的成長」。

在 Web1.0 → Web2.0 →行動網路→元宇宙,將會從媒介反覆運算、交互反覆運算、觀念反覆運算、經濟反覆運算、社會反覆運算變成打破枷鎖,走出內卷的新時代。

祖克伯說:「你可以把元宇宙看作一個具身性的網路。在這裡,你不再是瀏覽內容,而是身在內容中。」元宇宙會讓我們對網路有一個全新的認識。

*具身互動:元宇宙是人機深度融合的產物,交互方式由手指－螢幕擴大到全身心的調動。

*內卷化:最早是由美國人類學家 Clifford Geertz 運用在人類社會生活領域。描述農民在人口壓力下,不斷增加勞動投入,但因邊際報酬遞減,最後形成無效率的生產,即「沒有發展的成長」,導致社會勞動產生「內卷化」。現在則是指事物既無法維持現狀又難以自我更新,只能在內部不斷複製和精細化的現象。

元宇宙下的產業生態

元宇宙需要各項技術的支撐，我們可以將元宇宙產業鏈分為 7 個層次。

① 體驗層

我們實際參與的社交、遊戲、現場音樂等非物質化的體驗。遊戲是目前最靠近元宇宙的「入口」，體驗將從遊戲繼續進化，並為用戶提供更多進行娛樂、社交、消費、學習和商務工作的內容，覆蓋各種生活場景。許多人認為元宇宙就是圍繞著我們所處的三維空間，但實際上元宇宙既不是 3D 也不是 2D 的，它甚至不是具象化的——元宇宙是對現實空間、距離及物體的「非物質化」映射。

元宇宙涵蓋了遊戲 Fortnite、VR 設備終端 Beat Saber、電腦端的 Roblox，同樣也包括像語音助手 Alexa、會議軟體 Zoom 和音頻社交平台 Clubhouse 及 Peloton 這些綜合應用及其泛出的綜效（Synergy）。

現實空間「非物質化」後的一個顯著表現，就是之前不曾普及的體驗形式會變得觸手可及，遊戲就是最好的例證。在遊戲裡，玩家可以化身為任何角色，好比搖滾明星、絕地武士，又或是賽車手，而這一套又可以放進現實生活的各個場景當中，比如演唱會的前排位置通常非常有限，但虛擬世界的演唱會卻可以生成基於每個人的個性化影像，無倫你在房間哪個位置，都能獲得最佳的觀賞體驗。

元宇宙在未來會涵蓋更多生活娛樂的要素，比如音樂會和沉浸式劇院，現在 Fortnite、Roblox 和 Rec Room 已經體現出這些元素。社

交娛樂也將完善電子競技和線上社區，同時旅遊、教育和現場表演等傳統行業也會以遊戲化的思維，圍繞著虛擬經濟進行重塑。

以上提到的生活場景要素會引出元宇宙體驗層的另一內容社區複合體，過去用戶只是內容的消費者，而現在用戶既是內容產出者，也是內容傳播者。在過去，我們在提及一些常見功能，比如評論和上傳視頻時，總會用到「用戶生成內容」這樣一個概念。但現在內容不再是簡單由用戶生成，用戶互動也會產生內容，這些內容又會影響用戶所在社區內對話的訊息，也就是內容產生內容。未來在談論沉浸感時，我們所指的不單是三維空間或敘事空間中的沉浸感，還指社交沉浸感及其引發互動和推動內容產出的方式。

② 發現層

發現層主要聚焦於如何把人們吸引到元宇宙，讓人們得知前往體驗層的管道，包括各種應用商店 Steam 平台、EpicGames 平台、TapTap 平台、Stadia 雲遊戲等商店／管道等。體驗層也解決新體驗如何觸達用戶的問題，包括廣告系統、對新體驗評價。

元宇宙是一個巨大的生態系統，其中可供企業賺取的利潤豐厚。廣義上來說，大多數發現系統可分為以下兩種：

第一種為主動發現機制，即用戶自發找尋。

➲ 即時顯示。

➲ 社區驅動型內容。

⊘ 多數好友在用的 APP。

⊘ 應用商店的評論、評分系統、分類、標籤。

內容分發是透過應用商店主頁羅列出的特色應用，評鑑人員、KOL 傳播等形式實現方式：搜索引擎、口碑媒體。

第二種則為被動輸入機制，即在用戶無確切需求的情況下推廣給用戶本人。

⊘ 顯示廣告。

⊘ 群發型廣告投放（郵件、領英和 Discord）。

⊘ 通知。

網路用戶對上述的內容較為熟悉，因此接下來將會聚焦於發現層的幾個構成要素，這些要素對於元宇宙來說至關重要。首先，社區驅動型內容是一種遠比大多數行銷形式更具成本效益的發現方式，當人們真正關心他們參與的內容或活動時，他們便會主動推廣。

在元宇宙中，當內容本身易於交換、交易、分享的時候，會變成一種資產，NFT 就是一種內容變成資產的例子。NFT 的主要優勢就在於它能在中心化交易所交易，直接賦能創作者參與的經濟體系，作為發現手段，內容市場會是應用市場的替代者。

網路早期階段是圍繞幾個提供商的社交媒體所定義的，而在元宇宙以去中心化為特徵的身分生態系統，可以將權力轉移到群體本身，用戶得以在共有體驗中無縫切換。

在 Clubhouse 創建房間，在 Rec Room 開趴，和朋友在 Roblox 的世界中體驗不同樂趣，在不同遊戲間切換就是在內容社區複合體行銷。

③ 創作者經濟層

創作者經濟層著重於元宇宙裡的體驗和內容需要持續更新、不斷降低創作門檻，提供開發工具、素材商店、自動化工作系統和變現手段，協助創作者製作並將成果貨幣化，包括設計工具、貨幣化技術等。

不僅元宇宙的體驗變得越來越有沉浸感、社交性和實時性，相關創作者的數量也呈指數級成長。創作者經濟層當中包含創作者每天用來製作人們喜歡的體驗的所有技術，早期創作者的經濟模式都較固定，在元宇宙、遊戲以及網路、電子商務領域都是如此。

- **先鋒時代：** 第一批構建體驗的人沒有可用的工具，所以他們一切都要從頭開始。第一個網站是直接用 Html 寫的；人們為網上購物平台寫入自己的購物車程序；工程師直接將代碼寫入遊戲和顯卡設備之中。

- **工程時代：** 在創意市場取得初步成功後，團隊人數激增。從頭開始構建通常太慢、成本太高，又無法滿足需求，且工作流程變得更加複雜。所以早期往往會透過向工程師提供開發系統，以節省他們的時間，減輕負擔。

- **創作者時代：** 該階段設計師和創作者不希望編碼拖慢他們的速度，編碼人員也希望將才能發揮在其他方面。這個時代的特徵是創作者

數量的急劇增加和指數級成長。

創作者獲得工具、模板和內容市場，將開發從自下而上、以代碼中心的過程，重新定位到自上而下、以創意為中心的過程。

用戶只要花幾分鐘的時間，便能在 Shopify 中建構一個購物網站，不用再一行行輸入代碼，網站可以在 Wix 或 Squarespace 中創建和維護，3D 圖形可以使用工作室級的可視化交互平台，在 Unity 和 Unreal 等遊戲引擎中製作，無需觸及 API 系統，元宇宙中的體驗將越來越生動、社交和不斷更新。

元宇宙中的創作者體驗都圍繞著集中管理的平台，如 Roblox、Rec Room、Manticore，在這些平台上，整套集成工具、發現、社交網絡和貨幣化功能，為他人創造經驗。

④ 空間計算層

無縫地混合數位世界和現實世界，讓兩個世界可以相互感知、理解和交互，包括 3D 引擎、VR/AR/XR、語音與手勢識別、空間映射、數位變生技術等。

空間計算提出混合現實和虛擬計算的解決方案，空間計算消除了真實世界和虛擬世界之間的障礙。空間計算已經發展成一大類技術，使我們能夠進入並且操控 3D 空間，透過更多的資訊和經驗來增強現實世界。

空間計算對於軟體的關鍵發展包括：

◉ 顯示幾何和動畫的 3D 引擎（Unity 和 Unreal）。

◉ 映射和解釋內部和外部世界 —— 地理空間映射（Niantic Planet-Scale AR 和 Cesium）和物體識別。

◉ 語音和手勢識別。

◉ 來自設備（物聯網）的數據集成和來自人的生物識別技術（用於身分識別以及健康領域的量化自我應用）。

◉ 支持併發資訊和分析用戶交互界面。

⑤ 去中心化層

元宇宙的經濟若要能蓬勃發展，需以一套共用的、廣受認可的標準和協議作為基礎，推動整個元宇宙體系的統一性以及虛擬經濟系統的流動性。加密貨幣和 NFT 為元宇宙提供數位所有權和可驗證性，區塊鏈技術、邊緣計算技術和人工智慧技術的突破將進一步實現去中心化，包括邊緣計算，區塊鏈等生態系統構建分散式架構。

元宇宙的理想架構與《一級玩家》裡的綠洲相反，當用戶可選擇的選項增多，各個系統兼容性改善，且基於具有競爭力的市場時，相關的實驗開展規模及成長會顯著增加，創造者則自己掌控數據和創作的所有權。

去中心化最簡單的例子就是域名系統（DNS），這個系統將個人 IP 地址映射到名稱，用戶不必每次想上網時都輸入數字。分布式計算和微服務為開發人員提供了一個可擴展的生態系統，讓他們可以利用在線功能，從商務系統到特定領域人工智慧再到各種遊戲系統，不用

專注於建構或整合後端功能。

區塊鏈技術將金融資產從集中控制和託管中解放出來，在 DeFi 中，可以看到許多靈活選用組合不同模塊形成新應用的例子。

6 人機交互層

隨著微型化感應器、嵌入式 AI 技術以及低延時邊緣計算系統的實現，未來的人機交互設備將承載元宇宙裡越來越多的應用和體驗。由於能提供更好的沉浸感，VR/AR 眼鏡被認為是進入元宇宙空間的主要終端，此外還包括手機、智慧眼鏡、可穿戴式設備、腦機介面等，進一步提升沉浸度的設備。

- 3D 列印穿戴設備。
- 微型生物傳感器（可印在皮膚之上）。
- 消費級神經接口。

7 基礎設施層

隨著 5G、雲計算和半導體等技術的成熟，虛擬環境中的即時通訊能力將大幅提升，支援眾多用戶同時線上，低延遲且實現更為沉浸的體驗感。基礎設施也包括網路設施與晶片等，5G 網路速度明顯提升，同時減少網路爭用和延遲，未來 6G 將把速度提高至另一境界。

另外，其他像是行動裝置、可穿戴式設備的改良也在此，需要越來越強大但小巧的硬體設備，好比 3nm 以下的半導體；支援微型傳感

器的微機電系統（MEMS）；和強效、持久的電池。

第一層：體驗層	遊戲、社交、電子競技、劇院、購物
第二層：發現層	廣告網路、社交、內容分發、評級系統、應用商店
第三層：創作者經濟層	設計工具、資產市場、工作流、商業
第四層：空間計算層	3D引擎、VR、AR、MR設備、多任務處理UI
第五層：去中心化層	邊緣計算、AI主體、微服務、區塊鏈
第六層：人機交互層	移動設備、智能眼鏡、可穿戴設備、觸覺、手勢、聲音識別系統、神經介面
第七層：基礎設施層	5G、WIFI6、6G、7nm~1.4nm工藝、MENS、GPU

　　遊戲市調公司 Newzoo 在塑造元宇宙發揮了重要作用，他們構建了元宇宙生態系統資訊圖。從遊戲市場的角度來看，Newzoo 體認到元宇宙趨勢使虛擬世界在為人類解鎖替代空間和身分方面的重要性日益增加。

　　儘管在許多旁觀者眼中，元宇宙可能感覺像是一個不可能的「遙遠」的概念，但其實我們早已生活在原始元宇宙中，元宇宙將在我們真正做好準備之前就到來，該生態系統發展迅速，並以新的創新者和大型科技公司為特色。所以我整理出生態系統的要點。

🔄 元宇宙入口。

⊘ 化身與身分。

⊘ 使用者介面和沉浸。

⊘ 經濟。

⊘ 社會。

⊘ NFT/ 區塊鏈開發服務。

基礎設施則要有⋯⋯

⊘ 雲。

⊘ 可伸縮性和託管。

⊘ 虛擬化和數位孿生。

⊘ 人工智慧。

⊘ 去中心化基礎設施。

⊘ 廣告技術。

⊘ 連接和通訊。

2 | 元宇宙中的資產證明：NFT

　　2021 年被稱為 NFT 元年，在 2021 年前半年，相信很多人都見證了這個小眾市場的驚人成長速度，也看到具有技術優勢、IP 優勢、資金優勢、平台優勢的團隊、公司或機構入場，包括自帶流量的交易所也紛紛下場布局 NFT 交易市場。縱觀歷史演進，目前 NFT 賽道的發展階段、產業布局和市場表現，究竟會走到何方？值得思考。

　　元宇宙常稱為網路「次世代」，元宇宙中，物理世界和數位世界融合為一虛擬空間；元宇宙技術不僅像手機，更是包羅萬象的現實。

　　自 2008 年比特幣出現，接著帶出區塊鏈的概念，2021 年 GameFi 爆發，近而又帶出元宇宙，梳理 NFT 的歷史發展，主要經歷四個階段。產業格局上，在 NFT 的基礎設施層，還有很大的鑄造空間；而 NFT 的蓬勃發展主要體現在中間的協議層，又以藝術收藏的鑄造為主；在應用層，發展較不平衡，比如 NFT 資料領域還未出現全面的資料提供商。隨著越來越多的目光聚焦在 NFT 賽道，NFT 的產業版圖將以更快的節奏躍遷。

🚀 NFT 發展階段

　　網路時代的一切都可以透過複製貼上，得到出無數複製檔案，你看似擁有了很多數位資產，但其實根本未擁有這份資產的所有權。而 NFT 則製造出一種人為的稀缺，並經由這種稀缺獲得價值，因為它可基於區塊鏈技術，明確資產的所屬權，實現永久保存且獨一無二。

　　NFT 的正式概念是在 2017 年提出，但基於 NFT 的類似概念和應用在更早之前就出現了，下面介紹 NFT 的歷史演進，有利於你瞭解 NFT 的價值和應用。

　　NFT 相關概念最早於 1993 年由 Hal Finney 提出，直到 2017 年 6 月，世上第一個 NFT 項目 CryptoPunks 才正式誕生。同年，一款叫 CryptoKitties 的遊戲將 NFT 概念推向高潮。2018 至 2020 年，NFT 進入建設期，NFT 生態不斷發展。2021 年則進入快速擴張期，交易量和交易額迅速提高，交易額達到 28.42 億美元。

① 種子期（1993 ～ 2017）

　　NFT 相關概念的最早提出是 Hal Finney 在 1993 年對於加密交易卡（Crypto TradingCards）的闡述，但由於當時技術發展的限制，NFT 僅存於理論中。

　　Colored Coin（彩色幣）是第一個類似 NFT 的通證。Robert Dermody、AdamKrellenstein 和 Evan Wagner 於 2014 年創立一個對等金融平台 Counterparty。

② 萌芽期（2017）

2017 年 6 月，世上第一個 NFT 項目 CryptoPunks 在以太坊發布。2017 年 10 月，DapperLabs 團隊推出一款叫做 CryptoKitties 的加密貓遊戲，將 NFT 推向高潮。

③ 建設期（2018 ～ 2020）

2018 至 2019 年，NFT 生態大規模增長，發展出 100 多個項目。在 OpenSea Super Rare 引領下，NFT 交易更加便利及完善。NFT 應用領域逐步從遊戲、藝術品擴大到音樂等，且 NFT 與 DeFi 的結合實現了 GameFi，推動 NFT 進一步發展。

④ 快速擴張期（2021）

《Everydays: The First 5000Days》以 6,934 萬美元的價格在著名拍賣平台佳士得上賣出，引發各界關注。區塊鏈遊戲 Axie Infinity 銷量迅速上漲，帶動整個 NFT 市場板塊的快速發展。

🚀 NFT 市場綜觀

以下與各位分享 NFT 案例。2021 年 3 月 11 日，藝術家 Beeple 的作品《Everydays: The First 5000 Days》在佳士得官網上以 69,346,250 美元成交（折合台幣約為 19.4 億元），為最貴 NFT 藝術品，該作品也同時成為在世藝術家拍賣作品的第三高價。

根據佳士得的統計資料顯示，此次拍賣共有來自 11 個國家的 33 位活躍競價者。競拍者的年齡分層中，58% 來自千禧一代（1981 ～ 1996），33% 來自於 X 時代（1965 ～ 1980），6% 來自於 Z 時代（1997 ～ 2012），3% 來自於嬰兒潮一代（1946 ～ 1964）。從地域來看，競爭者多為歐美發達國家，來自美洲的競價者高達 55%，歐洲的競價者為 27%，亞洲的競價者僅為 18%。

競拍《Everydays: The First 5000 Days》者年齡畫像（共33人）

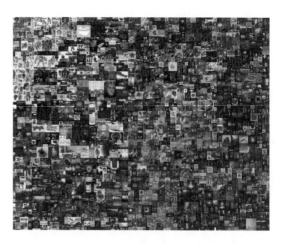

📍 **作品名稱**：《Everydays: The First 5000 Days》

📍 **完成時間**：2021 年 2 月 16 日。

◎ **成交價格**：69,346,250 美元。

◎ **成交日期**：2021 年 3 月 11 日。

◎ **Token**：MakersTokenV2。

◎ **Token ID**：40913。

◎ **藝術家**：Beeple（Mike Winkelman）曾為 LV、Nike 多個知名品牌設計。

◎ **創作背景**：《Everydays: The First 5000 Days》耗費 5,000 天製作而成，作者自 2007 年 7 月起每日上傳的一副數位作品，直至 2021 年 2 月將所有素材拼接，時間長達 14 年。

　　非同質化通證（Non-Fungible Token，NFT）是一種架構在區塊鏈技術上的加密數位權益證明，不可複製、竄改、分割，可以理解為一種去中心化的「虛擬資產或實物資產的數字所有權證書」。

　　從技術層面來看，NFT 以智能合約的形式發行，一份智能合約可以發行一種或多種 NFT 資產，包括實體收藏品、活動門票等實物資產和圖像、音樂、遊戲道具等數位資產。目前市面上使用最廣泛、知名度最高的 NFT 主流協定標準中，在 ERC721 協議下，一份合約只能發行一種 NFT 資產（如 BAYC 代幣），而 ERC1155 協定則支援一份合約發行任意種類的 NFT 資產（如交易平台 OpenSea 的代幣 Open Store）。一種 NFT 資產可映射多個 NFT（如 BAYC 代幣共發行一萬枚），NFT 智能合約記錄了每個 NFT 資產的 Token ID、資源存儲位址及它們的各項資訊。

NFT 儲存於區塊鏈上，但受到成本影響，其映射的實物資產或數字資產一般不上鏈，而是儲存於其他中心化或非中心化的存儲系統中，如 IPFS，並透過雜湊值或 URL 映射上鏈。

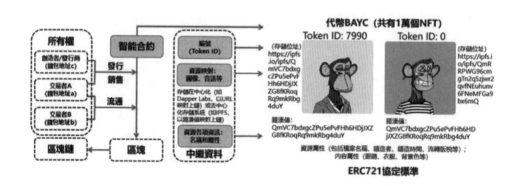

NFT 是基於區塊鏈技術發行的數位產權證書，區塊鏈技術賦予其一些與同質化通證（FT）相同的性質。NFT 的中繼資料及其交易記錄一旦上鏈就永久保存在區塊鏈，無法被竄改或刪除，這確保了 NFT 的真實性與安全性。

此外，基於區塊鏈的存儲功能，數位內容（數位插畫、攝影、音視頻等）能夠進行資訊溯源，實現可驗證性，保證所有權人能實際擁有。同質化通證（FT）與非同質化通證（NFT）在發行時基於不同的協定標準，以太坊的 FT 協議標準包括 ERC20、ERC223 等，NFT 的協議標準包括 ERC721、ERC1155 等。

由於協議的不同，NFT 也具備一些異於 FT 的特性。每個 NFT 都是獨一無二的，都有特定的 ID，與同種 NFT 各不相同，不能與同

種NFT進行互換。所有的NFT數據都透過智能合約存儲在區塊鏈上，每個代幣都擁有固定的資訊，不可分割成更小面額。

同質化通證（FT）與非同質化通證（NFT）對比		
	同質化通證 (Fungible Token，FT)	非同質化通證 (Non-Fungible Token，NFT)
共同點 (區塊鏈技術賦予的性質)	▪ 無法篡改：NFT中繼資料及其交易記錄是持續儲存的，一旦交易被確認就不能被操縱或篡改	
	可溯源、可驗證性： 基於區塊鏈的存儲功能，NFT及其代幣中繼資料和所有權能夠進行資訊溯源，可實現公開驗證	
	▪ 透明執行：NFT相關活動如鑄造、銷售和購買都是公開的	
不同點 (不同協議導致的差異)	▪ 可互換性：FT可與同種FT進行互換	▪ 不可互換性：NFT不可與同種NFT進行互換
	▪ 可分性： FT可分為更小單元，價值同等即可。如1美元可換成2個50美分或4個25美分	▪ 不可分性： 所有的NFT資料都通過智慧合約存儲在區塊鏈上，每個代幣都擁有固定的資訊，不可分割成更小面額
	▪ 統一性： 所有同種FT規格相同，代幣之間相同	▪ 獨特性： 每個NFT獨一無二，與同種NFT各不相同
	主要功能是作為貨幣，例如購買NFT	主要功能是作為獨特性資產的數位產權證書
協定標準 (以乙太坊為例)	ERC20、ERC223等	ERC721、ERC1155等

NFT 核心價值

NFT的核心價值在於以下三個方面。

➢ **第一方面：**使數位內容資產化。在現在的網路下，我們僅擁有數位內容的使用權，無法真正使數位內容成為我們的資產，NFT的出現拓寬了數位資產的邊界，數位資產不再只是加密貨幣，任何一種獨特性資產都可以被鑄成NFT，無論是實體資產還是各式各樣的數位內容，如圖片、音視頻、遊戲道具等，這提高了數位內容的可交易性，如遊戲Axie Infinity中的一塊虛擬土地賣出了888枚Eth。

⊙ **第二方面：**依託區塊鏈技術，保證資產的唯一性、真實性和永久性，並有效解決所有權問題。這有三方面的好處，首先去中心化儲存保證了資產永久性存在，不會因中心化平台停止運營而消失。再者，為智慧財產權保護提供了新思路。最後可提高資產交易效率和降低交易成本（如收藏品真偽的鑒定成本），增強資產的流動性，吸引更多數位資產的買家進行交易活動。

⊙ **第三方面：**去中心化的交易模式在一定程度上提高了內容創作者的商業地位，減少中心化平台的抽佣分成，透過 NFT 內嵌的智能合約，創作者能從後續的流轉中，持續獲得的版稅收益，以 Open Sea 為例，NFT 創作者最高可設立 10% 的版稅費用。

NFT的核心價值NFT	
NFT互聯網	**現在的互聯網**
每個NFT都是獨一無二的，具有唯一的token ID，保證了資產的唯一性和所有權的確定，有助於交易流轉。	文件檔的副本（如.mp3 或.jpg）與原始文件相同
NFT將數位內容資產化，使用者真正地永久性擁有數字內容的所有權，並可以自由處置自己的數字資產，甚至可以使用數位藝術品作為去中心化貸款的抵押品。	使用者實質上僅擁有數位內容（如線上音樂、遊戲道具等）的使用權，使用者在處置數字資產上受到很大限制，例如無法自由轉售等；當中心化平台或機構停止運營後，數字資產將不復存在
去中心化：每個NFT 都必須有一個所有者，所有權公共記錄在去中心化的區塊鏈上，任何人都可以輕鬆驗證	中心化：數位物品的所有權記錄存儲在機構控制的伺服器上，沒有授權者無法驗證
NFT 與使用乙太坊構建的任何東西相容。某活動的NFT 門票可以在所有乙太坊市場上交易，換取完全不同的NFT，例如用一件藝術品換一張票	擁有數位產品或專案的公司必須建立自己的基礎設施，例如為活動發行數字門票的應用程式必須建立自己的門票交易系統
內容創作者可以在任何地方出售他們的作品，並可以進入全球市場	創作者依賴於他們使用的平台的基礎設施和分佈，通常受使用條款約束和地域限制。
創作者可以保留對自己作品的所有權，並直接要求轉售版稅	音樂流媒體服務等平台保留了大部分銷售利潤

🚀 什麼是 GameFi、NFT ？

在瞭解元宇宙與區塊鏈的關係之前，要先瞭解 NFT 與 GameFi

的意義與價值。

① NFT：獨一無二、不可分割

　　紅出幣圈的「非同值化代幣 NFT（Non-fungible Token）」是「同值化代幣（Fungible Token, FT）」的相對概念，兩者主要的差別為獨一無二、不可分割。

　　例如，房地產證是無可替代，則是非同值化代幣（NFT）；而我的 1,000 元鈔票跟你的 1,000 元鈔票價值一樣，可以互換，這就是同值化代幣（FT）。

　　NFT 聲量水漲船高，許多主流 YouTuber 或社群都在討論，應用領域已經遍布藝術品、收藏品、遊戲資產、影片、音樂、數位資產、身分特徵、數位證書等。

　　近期的 NFT 大事件，是 2021 年 8 月底金融巨頭 VISA 斥資 15 萬美元買入一張 CryptoPunk 編號 7610 的 NFT，並釋出一份 17 頁的 NFT 白皮書。這一消息引起幣圈內外的關注，也帶動 CryptoPunk 作品銷量、價格節節攀升。

據全球最大 NFT 交易平台 OpenSea 資料顯示，2021 年 8 月份以太坊的交易量達 34 億美元，是 7 月份的 10 倍多，顯示出大眾對 NFT 興致勃勃。

② GameFi 區塊鏈遊戲 Play to Earn

GameFi，全名 Game Finance 遊戲化金融，是指將去中心化金融 DeFi 產品以遊戲的方式呈現（將 DeFi 規則遊戲化，將遊戲道具 NFT 化），是一種以「Play to Earn 邊玩邊賺錢」為核心的商業模式。

這裡我以 2021 年因「邊玩邊賺」而全球爆紅的遊戲 Axie Infinity 為例，你可以想像是寶可夢 NFT 化，玩家需要購買能組隊打鬥的 NFT 寵物 Axie，以獲得遊戲獎勵代幣 SLP（可變現）。2021 年 9 月 Axie 的 NFT 銷量已達到 400 萬美元。

這裡試著比較 Uniswap（DeFi 流動性挖礦）與 Axie Infinity

（GameFi 邊玩邊賺），讓各位理解之間的差異。

⮕ **Uniswap**：用戶提供流動性（存幣），賺取 UNI 幣作為獎勵。

⮕ **Axie Infinity**：玩家購買 Axie 寵物、參與戰鬥，獲得 SLP 幣作為
獎勵。

　　根據 Token Terminal，2021 年 9 月過去 30 天 Axie Infinity 累
計收益達 3.21 億美元，協議收入僅次於以太坊，第三名則是 NFT 交
易所 OpenSea，收益 910 萬美元。

　　除了引領風潮的玩遊戲賺錢，更長遠來說，目前的 GameFi 與
NFT 提供了能夠窺探未來元宇宙發展樣貌及生態潛力的窗口。

🚀 NFT 產業堆疊層

　　資料分析商 Messari 認為 NFT 將利用許多與 DeFi 相同的金融概
念，因此把 NFT 目前的生態現狀分為 7 層堆疊層，分別為：

⮕ **第 1 層**：Layer 1。

⮕ **第 2 層**：Layer2 和側鏈。

⮕ **第 3 層**：垂直 / 應用。

⮕ **第 4 層**：輔助應用。

⮕ **第 5 層**：NFT 金融化。

🔁 **第 6 層**：聚合器。

🔁 **第 7 層**：前端和介面。

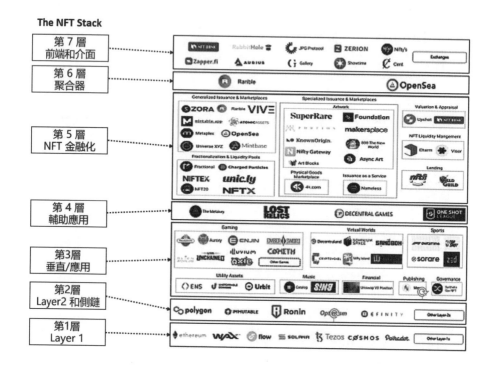

以太坊在 NFT 生態系統中占主導地位，但仍有改進的空間，截至 2021 年 7 月，按銷售額排名的前 10 個 NFT 項目中，有 8 個是建立在以太坊上的，但昂貴的 Gas Fee（在以太鏈上進行交易的手續費），以及擁塞的網路和不滿意的用戶體驗仍是一個問題。這雖然為新玩家提供了市場機會，但必須在第 1 層和第 2 層解決方案之間做出明顯改善。

第 1 層 Layer 1（基礎層）指底層的主區塊鏈架構，基礎設施層有 Eth、Flow、Polkadot、NEAR、EOS、Solana 等底層公鏈，和

Polygon、ENJIN、WAX、RONIN、iMMUTABLE 等側鏈 /Layer2
，ERC-721、ERC-1155 等代幣標準，以及開發工具、儲存、錢包等。

　　第 2 層 Layer2 和側鏈是存在於底層區塊鏈之上的覆蓋網路，
Layer2 建立在以太坊的基礎上，承襲了以太坊的安全性，以智能合約
來協助以太坊進行有效率的數據處理，再將數據回傳到以太坊，最終
的分配、裁決還是在以太坊，等於是 Layer 2 以太坊的數據助手，但
不是獨立於以太坊存在。

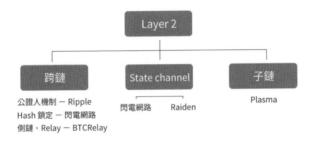

　　協定層則分為 NFT 鑄造協議及一級市場，許多有趣的項目正致力
於將去中心化金融 DeFi 和 NFT 融合，應用層主要分為金融、泛二級
市場和一些垂直領域，其中金融性的應用包括：

● **NFTfi**：NFT 抵押貸款的
　　首批平台之一，用戶可以
　　透過將以太幣借給將不可
　　替代的代幣作為抵押品的
　　用戶來賺取收益。

NIFTEX：為 NFT 部分所有權的平台。它於 2020 年 5 月推出，早在 NFT 出圈之前，其他參與者包括 Armor.fi（DeFi 資產覆蓋公司）和 NFT20（NFT 指數基金提供商）。與傳統的藝術品一樣，NFT 也存在著流動性差的問題。由於缺乏交易活動，很難確定市場價格，沒有實時價格，所以整個 NFT 作為借款抵押品是有難度的。

NFT 要作為一種有競爭力的資產仍存在一些缺點，好比沒有流動性，導致買賣過程中的風險過高，缺少市場定價，因此難以估值。且它不算是一個好的抵押品，資金效率低，又需要大量的資本支出才有獲得高價 NFT 的機會，而碎片化的目的是透過使 NFT 可分割來解決這些問題，提升交易的便捷性……等，這都是 NFT 所存在的缺點。

還有可交易多種類實物的綜合性交易市場 Mintable、VIV3、Mintbase ,ETC.；藝術收藏類為主的鑄造 CryptoPunks、NBA Top Shot、Bored Ape Yacht Club ,ETC.；一級市場 Makersplace、Rarible, ETC.；NFT 遊戲 Axie Infinity、Gods Unchained、Alien Worlds、Sorare,ETC.；元宇宙 Cryptovoxels、Decentraland、The Sandbox ,ETC.；粉絲經濟 BitClout 、Rally ,ETC.。

利用 NFT 作為資產表示工具的協議：例如透過金融活動鑄造的 Uniswap LP token 和 yinsure 保單這樣的金融性 NFT。

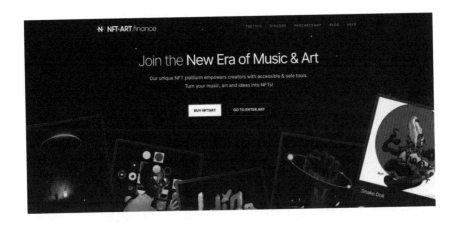

🔁 **NFT 產業鏈上層的資管工具：**這類似 DeFi 裡的 DeBank 等資管平台，例如 NFT Bank，泛二級市場，包括主要的鑄造平台產出的 NFTs。

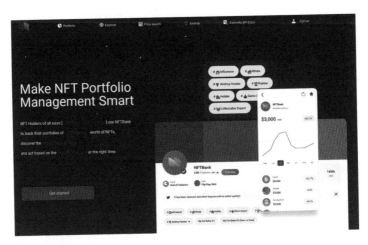

在垂直領域，還包括資料，諸如 Cryptoart.io、Nonfungible、NFTGuru、CryptoSlam!,ETC.；策展社區，好比 Whale DAO、Flamingo ,ETC.；社交有 Nifty's、Showtime,ETC.，以及功能變數名稱，如 Unstoppable Domains、ENS、Namebase ,ETC. 等其它分支。

在基礎設施層，還有很大的鑄造空間；而 NFT 的蓬勃發展主要體現在中間的協議層，又以藝術收藏的鑄造為主；在應用層，發展較不平衡，比如 NFT 資料領域還未出現全面的資料提供商，但隨著越來越多目光聚焦在 NFT 賽道，NFT 的產業版圖將以更快的節奏拼湊。

元宇宙、NFT 和 GameFi 三者的關係

元宇宙、NFT 和 GameFi 對大眾來說是很新的詞彙，特別解釋一下三者之間的關係，讓讀者能夠理解。

① GameFi 與 NFT 是顛覆高度中心化的遊戲業

目前的遊戲高度中心化，玩家付出龐大時間參與遊戲、建立重要的遊戲社群，也僅是單純消費者的角色；發行商擁有一款遊戲絕對的決策權，不只拿走絕大部分的盈利，也擁有玩家遊戲中資產的所有權。例如，玩家升等後不能販售舊款道具，卻可能因遊戲的改版決策而失去道具及累積經驗等。

在 GameFi 還沒火紅的 2019 年，香港爆發「反修例運動」，香港電競選手「聰哥」在卡牌遊戲爐石戰紀的比賽中獲勝，賽後他戴上防毒面具受訪，並喊出挺港口號，被遊戲公司以「違反賽事規章」為由，沒收選手聰哥在爐石戰記所累積的獎金，並禁賽一年，消息一出引起諸多議論。

爐石戰記母公司 Immutable 在推特上反對此決策，表示願意提供聰哥失去的獎金，邀請他參與爐石戰記的世界賽，並趁勢宣傳了區塊鏈遊戲的優點，當時貼文如下。

「我們在開放的經濟與市場建造出無法被審查的項目，就算我們（遊戲官方）不同意玩家的價值觀，也無法拿走玩家的卡片。」

以區塊鏈遊戲 Axie Infinity 為例，玩家購買的每一個 Axie 寵物（NFT）皆是獨一無二，且完全屬於玩家，不論是遊戲的發行商、開發者或其他玩家，都無法未經允許取得使用權與所有權。

另一方面，在 Axie Infinity 的 Play to Earn 模型中，95% 的收益將分給玩家。他們認同「注意力經濟（Attention Economy）」，將注意力分給遊戲的玩家都應該分到回饋，這一點顛覆現行遊戲產業的高度中心化，構築了共享價值的全新遊戲環境。

❷ 元宇宙與 NFT 相互依存，共生共贏

區塊鏈與 NFT 能將現實世界中的各種資產投射於虛擬世界（元宇宙）中，並保持其經濟價值，且確認數位資產的所有權，杜絕仿製品或中心化權力壟斷的問題。

NFT 那「不可替代、獨一無二、能夠溯源」的特性，讓它成為元宇宙中的基礎設施技術，而元宇宙也會成為 NFT 最具潛力的應用發展，兩者相互依存，為使用者打造更真實的虛擬體驗。

③ GameFi 能用來窺探元宇宙的特性與潛力

透過現有的 GameFi 樣貌，能進一步描繪出元宇宙的特性與輪廓。元宇宙的特性有……

- **沉浸感：** 吸引人們接觸元宇宙的「沉浸式體驗」，藉由數位技術的場景營造（AR、VR 等），打造近乎現實的情境，讓使用者能完全投入、產生連結共鳴。
- **開放性：** 包含「低門檻」、「隨時隨地」，盡可能讓多數人加入元宇宙，並讓世界各地的用戶能夠隨時隨地自由進出。
- **社交性：** 人類是群居動物，現今社群媒體已成為人類日常本能中不可或缺的一環，「社交性」能提升元宇宙中與用戶之間的連結感。
- **擴展性：** 從 Axie Infinity 用戶數的擴張速度推測（三個月 DAU 日活躍用戶數從 4 萬增長到 100 萬），元宇宙發展到一定階段會有大量用戶湧入並產生各式各樣的需求，元宇宙要保有「永續性」、同時接納「多元化」的需求。

目前元宇宙發展處於非常早期階段，兼顧了娛樂、日常和生產的生態，未來可能翻轉人類的線上社交方式。透過目前 GameFi 與 NFT 的模式，我們已經可以窺探元宇宙的樣貌，並能描繪這個多元開放、價值共享的世界背後的商業潛力。

NFT 市場現況

2021 年 1 月開始，數位收藏卡 NBA Top Shot 銷售額爆增，2 月便突破 2 億美元，促進加密貨幣市場將目光轉向 NFT 領域。3 月，數位藝術家 Beeple 作品拍出 6,900 萬美元高價，間接帶動更多藝術家瞭解、涉足 NFT 市場。在後續幾個月，無論是 2017 年便存在的 CryptoPunks，還是誕生不足 4 個月的 Bored Ape Yacht Club，均在 NFT 熱潮中爆發。

其中，鏈遊代表 Axie Infinity 創造了一系列驚人的數字，且遷移到以太坊側鏈 Ronin 後，Axie Infinity 再度實現了爆發式增長，成為第二大 NFT 市場。同期，一、二級市場開始活躍，OpenSea 拿下 1 億

美元融資，並取得了有史以來最好的 NFT 銷售量，展示了 NFT 生態的增長。

根據網站 CoinGecko 資料顯示，現在全球 NFT 總市值接近 245 億美元。在加密貨幣市場下行影響中，NFT 項目熱度呈現逆勢上揚，屢創新高，銷售額達到 25 億美元，遠高於 2020 年上半年的 1,370 萬美元。2021 與 2020 年整體水準相比，NFT 市場已經實現一大跨步。這說明用戶參與度在不斷加深，市場已開始重新評估 NFT 價值。

我們從以下幾個資料來看 NFT 市場的發展現狀。

① 銷售額（USD）

Dapp Rader 追蹤多個區塊鏈銷售的情況，2021 年上半年的銷售額接近 25 億美元，高於 2020 年上半年的 1,370 萬美元。但 NonFungible.com 的這一數字是 13 億美元，因後者統計時不包括「DeFi」NFT。

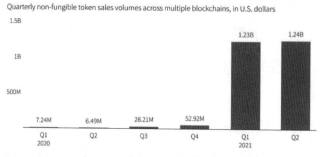

NFT sales volume hits record high in Q2 - DappRadar

Quarterly non-fungible token sales volumes across multiple blockchains, in U.S. dollars

Note: DappRadar is a company which tracks on-chain NFT sales across multiple blockchains including Ethereum, Flow, Wax, and BSC.
Source: DappRadar

據 Dune Analytics（區塊鏈研究的強大工具，它可用於查詢，提取和可視化以太坊區塊鏈上的大量數據）資料顯示，2021 年 8 月，作為主要 NFT 交易市場的 OpenSea 累計交易量逾 8.8 億美元，按月度交易量來看創歷史新高，日交易量更達到 6,200 萬美元。另外，OpenSea 目前共銷售 62.4 萬件 NFT，產生的費用（包括 OpenSea 和合作夥伴費用）超過 6,000 萬美元，活躍交易者突破 10 萬人。

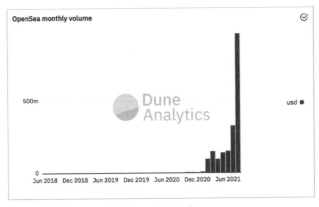

OpenSea 每月交易金額（美金）。

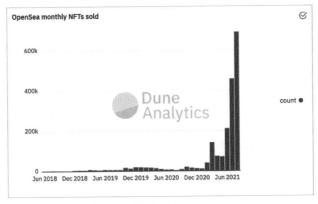

OpenSea 每月交易數量（件數）。

② 按造類別劃分下的 NFT 銷售量

　　體育和收藏品仍是目前最受歡迎的 NFT 選項，但值得注意的是，先前以視頻集錦形式買賣大火的 NBA Top Shot 市場，目前交易量已經萎縮，買家數量從 40.3 萬人下滑至 24.6 萬人，接近減半。而 NBA Top Shot「moment」NFT 的平均價格在達到 182 美元的峰值後，已跌至 27 美元。

③ NFT 買家 / 賣家數量

　　據 NonFungible.com 統計，自 2021 年 3 月，每週買家的數量大多有 1 至 2 萬，超過賣家數量，但這資料僅匯總了以太坊區塊鏈上的 NFT 交易資料。

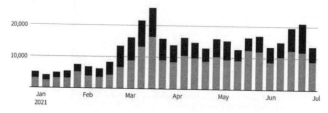

2021 年 NFT 每週買家數量。

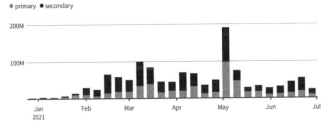

Weekly NFT sales volume - NonFungible.com

Weekly non-fungible token sales volume on the ethereum blockchain, in U.S. dollars

● primary ● secondary

Note: Data only shows sales on the ethereum blockchain, which is used for the majority of NFT sales. Data does not include sales which took place "off-chain".

Source: NonFungible.com

2021 年 NFT 每週賣家數量。

④ NFT 收藏品銷量排名

據 Cryptoslam 資料統計顯示，NFT 收藏品歷史銷量排名前三位為 Axie Infinity、CryptoPunks、NBA Top Shot。

Axie Infinity、Art Blocks、Bored Ape Kennel Club、Meebits 項目近 30 天銷售排名中增長迅猛，排名前 10 的 NFT 項目中，只有 NBA Top Shot 的交易量萎縮（-32.7%）。

TOP 10 Crypto Collectible Rankings
(Sales Volume in 30 days)

CRYPTO SLAM!

1	Axie Infinity	$770,953,055.28	▲ 158.33%
2	CryptoPunks	$294,322,284.67	▲ 799.50%
3	Art Blocks	$126,585,308.82	▲ 763.63%
4	Bored Ape Yacht Club	$100,812,675.74	▲ 177.48%
5	Meebits	$47,919,926.07	▲ 365.79%
6	Bored Ape Kennel Club	$27,659,831.63	▲ 127.60%
7	NBA Top Shot	$25,831,795.00	32.70%
8	Zed Run	$20,855,758.32	▲ 109.37%
9	Curio Cards	$18,434,226.26	▲ 0.00%
10	Veefriends	$17,980,341.10	▲ 107.12%

Data captured from cryptoslam.io on Thursday, August 12, 2021, 11:05:31 AM

TOP 10 Crypto Collectible Rankings
(Sales Volume in All-time)

CRYPTO SLAM!

1	Axie Infinity	$1,153,405,615.83
2	CryptoPunks	$679,357,976.58
3	NBA Top Shot	$678,523,561.38
4	Bored Ape Yacht Club	$168,718,735.44
5	Art Blocks	$162,760,056.77
6	Meebits	$125,482,786.94
7	Sorare	$64,373,883.13
8	Zed Run	$60,608,685.39
9	Hashmasks	$56,144,965.39
10	Bored Ape Kennel Club	$39,812,577.58

Data captured from cryptoslam.io on Thursday, August 12, 2021, 11:05:31 AM

⑤ 市場錢包活躍度

2021 年 5 月下旬，受加密貨幣市場的影響，錢包活躍度一度跌至 10,000 人以下，但在隨後兩個月內，呈現逐漸增長趨勢。

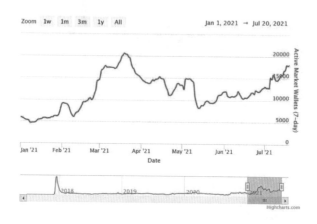

⑥ 市值

NFT 的市場總值在過去 3 年裡得到飛速發展，2018 年至 2020 年，從 40,961,223 美元增長到 338,035,012 美元。據 CoinGecko 資料統計，2021 年開始至今，數值更從 12,725,140,217 美元增長到 24,452,855,042 美元，增幅達到 192%。

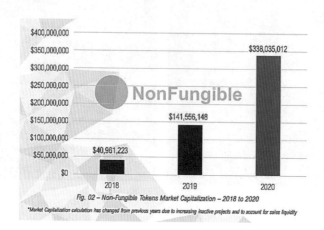

Fig. 02 – Non-Fungible Tokens Market Capitalization – 2018 to 2020

*Market Capitalization calculation has changed from previous years due to increasing inactive projects and to account for sales liquidity

⑦ 投資

隨著主要區塊鏈基礎設施的成熟，以及公眾對 NFT 的理解和投入加深，NFT 平台和項目正在成為新的投資風口。在 Beeple 等藝術家作品創紀錄的成交價的推動下，有越來越多資金流入 NFT 及相關公司和專案，超過 10 億美元的資金流入 NFT 行業。

在第三次投資週期牛市後期，儘管整體市場行情不佳，仍有不少大筆投資。2021 年 3 月 Dapper Labs 宣布完成一筆 3.05 億美元融資，這是 NFT 領域今年以來獲得的最大一筆融資。2021 年 7 月，全球最大的 NFT 市場 OpenSea 在 B 輪融資中融資 1 億美元，市值將攀升到 15 億美元。區塊鏈遊戲及 NFT 開發商 Animoca Brands 融資 1.39 億美元，同樣引起關注的還有 2021 年 7 月 14 日融得 3,700 萬美元的 Certik，領投方包括雷軍旗下的順為資本公司。

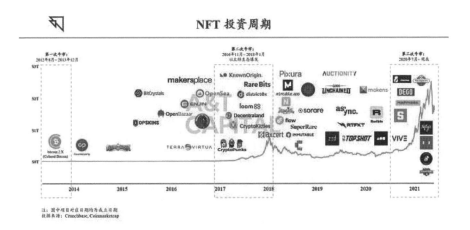

NFT 投資周期

NFT 與元宇宙

　　從維基百科的解釋中指出，「元宇宙」的英文「Metaverse」一詞，拆開來看就成兩個單字，一為「meta」意思是超越，和「verse」是通過逆向構詞法從宇宙（universe）」得來的組成，這個詞通常用來描述未來網路迭代的概念，由現實二維世界連接到一個可感知的三維虛擬宇宙，而且是由共用的 3D 虛擬空間所組成。

　　廣義上的元宇宙不僅指虛擬世界，還指整個網路，包括增強現實世界的範圍。元宇宙不但創造了平行的虛擬世界，大家皆可以在虛擬世界裡進行現實生活中的經濟與社交活動，實現以往在科幻電影中看到的虛擬世界 VR 場景。

　　元宇宙利用虛擬角色在虛擬世界裡互動，不局限於傳訊息或視訊，透過區塊鏈技術實現了「價值傳遞」，還能為虛擬世界的自己換上全新外貌，買虛擬土地、蓋虛擬房子，進一步來說，元宇宙是某程度的現實。

元宇宙的形態跟電影《一級玩家》「綠洲」形態類似，在《一級玩家》設定的「綠洲」場景裡，有一個完整運行的虛擬社會，包含各行各業的數位內容、數位產品，虛擬角色可以在其中進行價值交換。而現今任何擁有虛擬錢包的人，也已經可以上網購買投資虛擬土地。

　　目前已有許多公司購入虛擬土地，並在其土地上建構商城，完成另一空間的商業活動，這活動不受空間限制、不受時間限制，更不受地理環境限制，客戶量體將是現實世界的數萬倍之多。

　　只要在遊戲裡消費過的玩家都能明白，購買虛擬商品是一件很平常的事，NFT 在區塊鏈加密領域中主要解決了數位的稀缺性，唯一性、數位產權化、跨虛擬環境的大規模協調以及保護使用者隱私的系統。

　　在元宇宙中，NFT 的數位唯一性及可驗證性，會徹底顛覆如藝術品收藏、產品遊戲領域等一系列物品，它讓元宇宙以開放無需信任的形式存在，實現去中心化的所有權。

　　NFT 能夠證明使用者本人是該虛擬物品和資產的所有者，也就是誰擁有該 NFT，就擁有該項目的所有權，不受任何外力干擾，也不會受到開發平台控制，任何人都無法對你擁有的 NFT 進行處置權。

　　而數位所有權就是資產在虛擬世界實現了其在現實世界的唯一性、稀缺性和可交易性。非同質化代幣是一種數位物品，可以在公開市場上創建，並進行販售和購買，最重要的是任何用戶都享有擁有權和控制權，無需任何機構許可和支持。正是由於這個原因，使用者才能使自己的數位資產擁有持久穩定且真實的價值。

以 NFT 藝術品為例，區塊鏈在藝術領域的核心應用，包括出處溯源、真實性記錄、生成藝術品的數位稀缺性、碎片化所有權、共用所有權、新形式的版權記錄等，更基於以太坊的智能合約和代幣機制，帶來其他多樣化的投資選擇，引入了創新的智慧財產權結構。

在傳統藝術中為籌備藝術展覽，畫廊需要耗費大量時間研究作品出處，但區塊鏈技術的運用可以保證數位資產的稀缺性，省去信託中央機構的流程，還省去了場地費、鑑定費等固定費用，很大程度上解決了傳統藝術領域畫廊收費高昂的問題。

這些平台還為收藏家和數位藝術作品愛好者們提供了更方便、低廉的收藏和作品欣賞管道。且區塊鏈技術帶來的遠不止於新的藝術形式和交易成本的降低，其對於出處的驗明、查證，甚至可以決定作品是否能夠成功出售，也為數位稀缺問題提供了滿意的解決方案，讓創作者能夠對自己的作品進行準確的定價。

回到 NFT 身上，作為已經掀起一陣波瀾的熱門項目，NFT 目前已有 LV、Playboy、村上隆、草間彌生、蘇富比、佳士得、Bansky 等國際知名品牌與藝術家入場插旗，更在疫情期間帶動一波搶標風潮。而藝術創作者、音樂創作者、影像創作者或知識型創作者，只要有辦法將繪圖、平面設計或影像動畫設計結合鑄造成 NFT 商品，一經上架則不可修改，全世界的買家都可購買。

相較於實體的藝術品線下傳統購買方式，NFT 並沒有地域的限制，更少去了畫廊業務與一般藝術品線上銷售平台的銷售傭金，對創作者來說是既能打國際市場，更不必與傳統經理人拆分利潤，也因此

讓許多創作者趨之若鶩。

　　紐約有一家名為 superchief 的 NFT 實體畫廊，物理的展覽方式為每個牆面上都有一個螢幕裡面的藝術家在現實世界都有相關背景，且少數藝術家已在 NFT 世界裡站穩腳步。畫廊銷售的不再是可以搬運的藝術品，而是一張 Png. Jpg. Mp4. 檔案，畫廊一樣可以現場參觀看展，同時也提供線上銷售展覽，在越來越多藝術轉型的路上，未來是否走向 AR/VR 在元宇宙展演，能夠創造更多經濟價值，還是未知數。

　　Google 熱搜上，NFT 關鍵字的搜索量不斷急速攀升，這也代表這個區塊鏈生態體系將不斷擴充完備，所有的相關產業包含音樂、影視、時尚、藝術，都會因為它的出現而不得不改變。但 NFT 的模型確實能夠改變藝術家獲得報酬的方式、對個人作品進行眾籌，以及允許對部分所有權進行投資，其未來潛力無限。

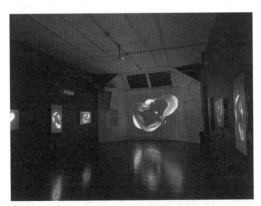

紐約 Superchief NFT 藝術畫廊內展示的
圖片：Decrypt。

　　元宇宙和 NFT 的出現，在藝術產業中架空了經理人抽取傭金的角色，更省去了大坪數展場建造、裝潢的成本，還能在快速可進行存檔

的繪圖軟體中，大量複製或交叉進行 AI 創作藝術品。

　　而相關行業者也需要一個向他人展示新潮格調的空間，這是一個關於科幻新世界實踐的提案，隨著所有用戶對加密藝術和所有權的需求不斷上升、發展，未來將可以見證更多元宇宙和 NFT 驚奇之處。

元宇宙領域的 NFT 應用

　　有幾間公司提出幾項在元宇宙中的 NFT 應用，下面跟各位討論。

① The Sandbox

　　The Sandbox 曾作為幣安 2010 年啟動的第三個項目，在此之前曾獲得幣安孵化器的私募輪投資。所以單從項目的角度來看，The Sandbox 是得到行業高度認可的，據 OpenSea 數據顯示，The Sandbox 總體的交易量達到 20794.27 枚 Eth。

　　The Sandbox 在推出區塊鏈版本前，已經在傳統沙盒遊戲領域有一定的基礎，擁有超過 1,600 萬移動和平板電腦版本的玩家以及在線圖庫中共享的 1,500,000 像素塊創作。同時 The Sandbox 系列已獲 4,000 萬次下載、100 萬 MAU（月活躍用戶）。

區塊鏈版本的 The Sandbox 構建了一個虛擬世界，玩家可以使用平台的實用代幣 SAND，在以太坊區塊鏈中構建、擁有和貨幣化遊戲體驗。

　　該遊戲致力於建立一個深度沉浸式的虛擬世界，讓玩家共同創建虛擬世界和遊戲，不存在中央權威管理，顛覆現有的遊戲製造商，如 Minecraft、Roblox 等。The Sandbox 旨在為創作者提供其作品的真正所有權，讓其作品以非同質化代幣（NFT）的形式呈現，以 SAND 代幣作為獎勵，感謝他們的參與。

　　The Sandbox 嘗試加速區塊鏈的應用，發展區塊鏈遊戲市場，透過 voxel 遊戲平台的建立，創作者們能夠在沒有中央控制的情況下，進行製作、遊戲、分享、收集和交易，享有安全的版權所有權，還能賺取 SAND。

　　NFT 可以保證版權所有權，賦予其獨一無二、不可更改的區塊鏈標識。The Sandbox 的虛擬世界地圖基於 166,464 個地塊（408x408）彙集而成，每個地塊都是區塊鏈支持的虛擬代幣（使用 ERC-721 標準的 NFT）。

　　地塊是虛擬世界中由玩家擁有的物理空間，用於創建遊戲並實現貨幣化。地塊還可以用於發布玩家自行創建遊戲，也可以出租給其他玩家，每個地塊都有一套預建的地形，但地塊持有者（或他們邀請的其他玩家）可以進行地形改造。

② Cryptovoxels

Cryptovoxels 獲得 DappReview 的關注，在 DappReview 刊載的文章中提到了在 Cryptovoxels 中投資地皮，獲得 30 倍的投資回報。目前 Cryptovoxels 的總交易量達到 16453.92 枚 Eth，在元宇宙板塊排名前 5。

Cryptovoxels 是一個由用戶擁有的虛擬世界，建構於以太坊區塊鏈上，用戶可以購買土地並建立虛擬商店、藝術畫廊、音樂工作室或任何你所能想像到的東西。

玩家可以在大地圖上自由探索，從西向東擴展到數十公里，據開發者說，這座城市每個月有大約 3,500 名用戶在活動，在其中漫步的你，很有可能遇到地球另一端的人。

Cryptovoxels 定位為一款區塊鏈沙盒遊戲，卻又不止於普通的建築創造，根據現有的功能顯示，Cryptovoxels 在創意空間、社交平台以及 NFT 商務平台等方向能夠加以發揮。

Cryptovoxels 中的土地是由 6 個數字（x1、y1、z1、x2、y2、z2）表示，它們形成地塊的邊界。地塊大小由城市生成器隨機生成，該生成器也會創建街道，每個地塊至少有 2 條街道相鄰，因此玩家可以自由地從一個地塊走到另一個地塊，互相交流、觀看其他人的建築。

遊戲所有的地塊，都可以在 ERC721 資產交易市場 OpenSea 上進行購買，由出售者自由定價。而越靠近中心區域或者建築密集區，地塊的價格就會越高，例如法蘭克福區域，建築物密集價格也比其他區域略高。

目前售出價最貴的一個地塊來自遊戲中的法蘭克福區，價值 7 枚 Eth，折合台幣約 90 萬，面積 114.5 坪，相當於單價 7,830 元 / 坪。

③ Somnium Space

Somnium Space 始 於 2018 年， 並 在 2018 年 11 月 發 起 Indiegogo 眾籌活動，計畫透過出售虛擬土地，在幾個月內募集 1 萬美元，不過在短短的三天時間內就已經完成了目標，並總共募得 20 萬美元，超額募資。

早期對於元宇宙賽道，雖然並沒有一個清晰的概念，但在當時就有一定的市場了。在 2019 年 5 月，Somnium Space 宣布獲得 100 萬美元種子輪融資，該資金被用於繼續開發開放式虛擬環境等技術。據 OpenSea 數據顯示，Somnium Space 整體交易量達到了 21367.56 枚 Eth，整體排名僅次於 VR 平台 Decentraland。

　　Somnium Space 試圖利用虛擬現實、區塊鏈和加密貨幣來創建一個共享、跨平台的虛擬世界。它可以讓用戶購買土地，設計各種建築並導入遊戲之中，創造一個共同的虛擬宇宙。在 Somnium Space 中，玩家可以選擇三種不同大小的土地：小型（200m^2）、中型（600 m^2）和大型（1,500 m^2）。該項目旨在幫助玩家在虛擬現實世界中創建一個正常運轉的經濟體系，促進玩家在虛擬世界中獲得沉浸式體驗。

④ Axie Infinity

　　Axie Infinity 是目前元宇宙板塊的生力軍，單日活躍人數達到 29.5 萬人，增長 41%。同時，Axie Infinity 原生代幣 AXS 在近期表現也十分亮眼，半年來投資回報達到 4,571%。

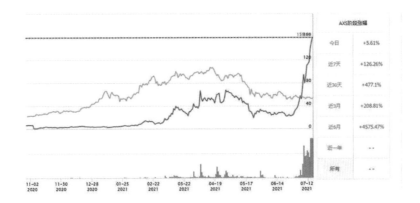

Axie Infinity 有著強大的投資後盾，NBA 球隊獨行俠的老闆 Mark Cuban 也參與了投資。從 2021 年 5 月開始，Axie Infinity 的交易量出現爆發式增長，NFT 日交易量則達到了 1,000 萬美金。

Axie Infinity 由初創公司 Sky Mavis 於 2018 年創建，它就像是 CryptoKitties 和精靈寶可夢的結合，這立即使它成為全球數百萬收藏家的心頭之選。用戶可以購買 NFT 寵物 Axies，並可透過一系列遊戲和挑戰來升級，玩家還可以戰鬥、飼養，甚至繁殖他們的 Axies，這有助於創造一個圍繞遊戲的生態系統，此外，遊戲中也有土地元素，玩家可以擁有代幣化的土地，建立自己的虛擬王國。

所以總的來看，Axie Infinity 是一個以精靈寶可夢為靈感所創造出的世界，任何玩家都可以透過嫻熟的遊戲技巧和對生態系統的貢獻來賺取代幣。

2021 年初，Axie Infinity 的治理代幣 AXS 誕生，代幣還賦予持有人分享平台收入的權利。代幣既可以在常規交易所購買，也可以在

遊戲中挑戰任務賺取，Axie Infinity 被看作近期最具潛力的元宇宙賽道的項目。

　　元宇宙項目對於開發團隊的技術要求還是比較高的，區別於目前的 DeFi 賽道，元宇宙賽道的競爭雖然激烈但是並不算擁擠。從元宇宙賽道的發展趨勢以及模型來看，有望成為 NFT 資產的最佳容器。

區塊鏈・培訓・證照・NFT・虛擬貨幣・金融・社群・IP・周邊服務・傳媒
平台・資源對接・軟件・數字資產・項目投資・顧問・EP同步・數位出版

3 | 元宇宙的發展與應用

　　網路的誕生和發展將人類帶入資訊時代，我們的生活已方方面面離不開網路。但現有的生活其實仍有不足之處，那就是網路上難以形成價值的轉移。而區塊鏈技術的誕生補足了這個短板，它把人類社會帶到一個更高的維度，一個基於價值傳遞的網路區塊鏈。區塊鏈技術發展的終極形態便是將人類社會引入到元宇宙，因此，元宇宙不僅是一種隨著區塊鏈技術發展衍生出的新生態，更是人類社會進化的趨勢。

🚀 時代的變革

　　元宇宙大門已打開，工業和網路的下個方向就是元宇宙。每一次的革新都會劃分出一個新時代，推動整個文明發展，人們的生活、體驗、價值和認知，都將發生天翻地覆的改變。把元宇宙解釋為網路的下個階段你可能較容易理解，但它不僅僅是新的流量生態，也是工業的下一次變革方向。

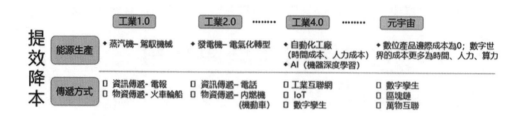

　　元宇宙的變革是由無數技術應用落地的節點所組成，其實我們現在已處於元宇宙時代的早期階段，但元宇宙仍離我們很遠，就好比起初的行動網路時代，iPhone 3G 被認為是時代標誌性的拐點，可iPhone3G 的背後存在複雜的技術和應用，各鏈條環環相扣。2G，商用無線網路的誕生；3G 流量時代的生態如 iOS App Store、行動端的網頁、硬體如 3G 晶片（英飛凌等）、無線網路服務商、基礎設施建設；而 iOS 生態的軟體應用是由 Java、Html、Unity 等底層工具發展推動；半導體（如台積電的晶片）；手機硬體，如鏡頭、電池。

　　元宇宙的不可預測性，科技反覆運算的可預測性，正如同 19 世紀無法預測電力將如何改變世界，又好似早期網路時代，我們無法預測行動網路時代具體的模樣。

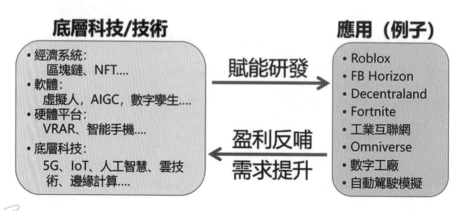

對於元宇宙，我們不見得能給出最精確的定義，但科技發展方向是可預測的。1,000 個人心中，有 1,000 個元宇宙，基於元宇宙的不可預測性，我們無法給出最精確的定義，但科技的大致發展方向是可追尋、可預測的，回顧工業 2.0 和行動網路時代，所以比起最精確的定義，倒不如探討發展方向和元宇宙可能存在的誤區。

　　元宇宙應當是一個 100% 滲透，24 小時使用的網路形態，如果說行動網路時代是人們只能在家裡、辦公室使用 PC 有線網路連上網，轉變為人們隨時隨地使用智慧型設備（手機、平板等）連線，那元宇宙的發展方向應當是 100% 滲透，萬物互聯，24 小時可使用的網路。

　　元宇宙可能存在的理解誤區如下：

　◑ 元宇宙不是 VR。

　◑ 元宇宙不是遊戲。

　◑ 元宇宙不是 3D 虛擬世界 UGC（User Generated Content，使用者原創內容）平台，如 Roblox。

　◑ 元宇宙不是 Unity、Unreal、Omniverse。

　◑ 元宇宙不是《一級玩家》。

　　以上幾點都是錯誤的認知，就像是之前會有人以為智慧型手機、行動端 App，或是抖音、YouTube 之類的 UG 視頻平台、底層開發工具等不是行動網路一樣。元宇宙，正如同行動網路或者工業 2.0 的變

革一樣，是集應用、硬體、產品、工具、基礎建設、科技於一身的綜合體。

前面我提到元宇宙就像《頭號玩家》裡的綠洲一樣，但《頭號玩家》呈現的還是以遊戲為主的虛擬世界，滿足人們極致的娛樂＋社交需求，可是這僅僅是元宇宙第一階段的一個展望，為元宇宙的一部分而已。

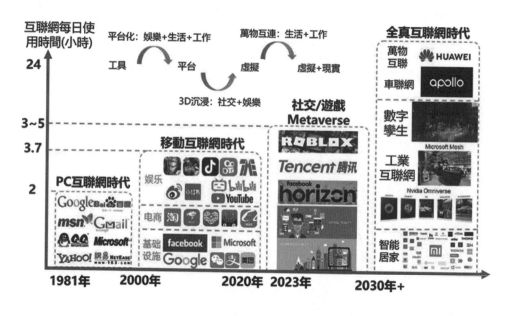

元宇宙亦代表著第三次生產力革命、資訊革命，所以也稱元宇宙革命。在算力時代下，生產力的質變是主體發生變化，機器能創造生產力新價值，核心勞動力被 AI 所替代，但這一切的前提是現實世界的 AI 能發展到這個智能化級別，將一個各維度擬真的虛擬世界，發展為現實世界的平行宇宙。

在算力時代，主體的改變，需要一個打通人與人、人與機器、機器與機器交互溝通底層環境，而這個環境必須是打通虛擬與現實的，所以不論是人工智慧反覆運算，還是底層的資料、資訊交互的生態，都驗證了元宇宙的必然性。

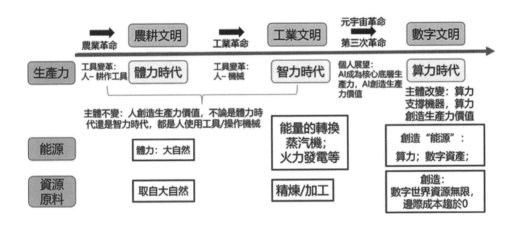

元宇宙本身沒有標準的定義，元宇宙是未來 20 年的下一代網路，是人類未來的數位化生存與發展的新維度。元宇宙的內涵不局限於網路，它是一系列高科技技術的「連點成線成面」，帶來超越人們想像力的新世界。

回望過去 20 年，網路已經深刻改變人類的日常生活和經濟結構；展望未來 20 年，元宇宙將更加深遠地影響人類社會，重塑數位經濟體系。元宇宙連通現實世界和虛擬世界，是人類數位化生存遷移的載體，提升體驗和效率、延展人的創造力和各種可能。

在向元宇宙探索和發展的過程中，網路、物聯網、AR/VR、智慧可穿戴設備、3D 圖形繪製、AI 人工智慧、高性能計算、雲計算等各行各業都將出現產品創新和商業模式創新，發展路徑中的不斷進步；終極元宇宙那無限的想像力，都將為各產業帶來不同以往的機遇。

目前應用於未來元宇宙的單點創新技術逐漸出現，人們燃起對未來數位化生存願景的憧憬和想像。這個發展過程是漸進式的，單點創新不斷出現，而後連點成線成面，形成一個融合的平衡生態。

如果《一級玩家》中「綠洲」的諸多體驗成為現實，將給人類生

Part 2 網路的下一站：元宇宙 Metaverse

活帶來巨大的改變和經濟結構重塑，我們已在過去 20 年的網路發展
中，見證過一次類似的改變。

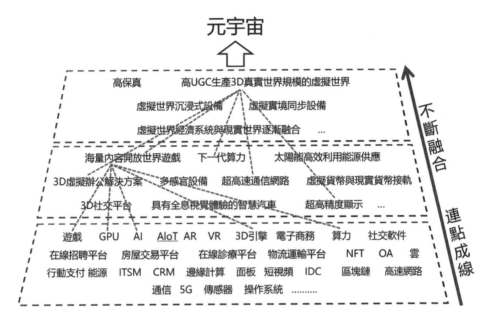

- 🔄 元宇宙時代無物不虛擬、無物不現實，虛擬與現實的區分將失去意
  義。
- 🔄 元宇宙將以虛實融合的方式，深刻改變現有社會的組織與運作。
- 🔄 元宇宙不會以虛擬生活替代現實生活，而是形成虛實二維的新型生
  活方式，實中有虛，虛中有實。
- 🔄 元宇宙不會以虛擬社會關係取代現實中的社會關係，反而會催生線
  上、線下一體的新型社會型態。
- 🔄 元宇宙中，虛擬經濟不會取代實體經濟，而是從虛擬維度賦予實體
  經濟新的活力。

☛ 隨著虛實融合的發展愈發深入，元宇宙中的新型違法犯罪形式將對監管工作形成巨大挑戰。

元宇宙趨勢的發展可分為兩個虛擬化，一為人類財富虛擬化（虛擬貨幣＋ NFT）、二為人類生活的虛擬化。

① 人類財富的虛擬化

區塊鏈技術的誕生，創造了一種新興的資產「數位資產」，這種數位資產和現有網路應用中出現的虛擬商品不同，在網路應用中出現的各類虛擬商品，其屬性、價值及所有權等完全取決於營運和創造這類資產的中心化機構或公司。一旦這些中心化機構或公司在營運上發生問題或受到外力介入，這類虛擬商品的屬性、價值及所有權等都將受到影響。

因此，這類虛擬商品的功能存在固有的、難以改變的局限性，其在價值和共識上將難以取得最廣泛的認同和認可，當然也就無法實現價值的最大化。

而基於區塊鏈技術產生的數位資產無論是比特幣、以太幣，還是基於 ERC-20、ERC-721、ERC-1155 等通證標準實現的通證資產，在技術上實現了資產屬性、所有權等的保障，使得這類數位資產的屬性、所有權不受侵犯和干擾，不再依賴於協力廠商、仲介機構的介入，也進一步實現了這類數位資產在區塊鏈上的全球網路自由流轉和交易，這使得數位資產無論在價值和共識上，都能取得以往虛擬商品所

無法取得的最高程度、最廣範圍的認同。網路的發展使人類社會的生活方式逐漸走向數位化；區塊鏈技術的發展則讓人類社會的財富形式逐漸走向虛擬化，當然，我們並不是取代未來社會中的實體財富，而是虛擬財富將在未來社會中扮演越來越重要的角色。

② 人類生活的虛擬化

唯物主義哲學認為：「物質第一性，意識第二性，物質決定意識，意識是物質世界發展的產物，它是人腦對客觀事物的反映」。

唯物主義的真理是虛實共用的，無論在工業革命時代還是在區塊鏈革命時代，皆是如此。如果說人類社會的財富形式將在區塊鏈革命的帶領下逐漸虛擬化，那麼未來虛擬化的財富也將影響人類的意識形態，用更通俗的話來說，就是伴隨著財富形式的虛擬化，人類社會的生活也將虛擬化。

圍繞著虛擬化的財富，將衍生出一系列全新的意識形態、價值觀，並由此發展出虛擬社會中全新的行為準則、道德標準等多構建虛擬社會的核心要素，這一切都意味著元宇宙中的文化、價值等觀念將徹底重塑。

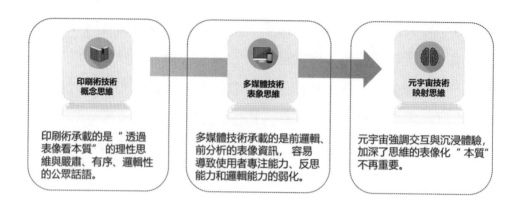

印刷術技術
概念思維

多媒體技術
表象思維

元宇宙技術
映射思維

印刷術承載的是 " 透過表像看本質 " 的理性思維與嚴肅、有序、邏輯性的公眾話語。

多媒體技術承載的是前邏輯、前分析的表像資訊，容易導致使用者專注能力、反思能力和邏輯能力的弱化。

元宇宙強調交互與沉浸體驗，加深了思維的表像化 " 本質 " 不再重要。

元宇宙需警惕資本剝削

在遊戲世界中誰被剝削？電競選手？遊戲點評？還是遊戲直播主？亦或是遊戲代練？其實每個用戶都是玩工（Playbour），用戶遊玩（Play）的每分每秒其實都是在勞動（Labor），而生產資料被牢牢禁錮在平台手裡，千千萬萬的使用者是數位時代的無產階級，遊玩與勞動邊界的模糊，遮蔽了資本的剝削性。

例如 Facebook 瀏覽量那麼多，廣告的收費如此之高，原因都在於你我在 Facebook 中所分享的資訊，因而能吸引這麼多的用戶，Facebook 所有內容的創作，幾乎都不是平台本身所產出，但是所有的好處都被平台拿走，Facebook 也沒有支付任何一分錢給創作者，這個就是平台的隱蔽剝削，資本家付出的報酬遠小於用戶勞動創造的價值。

基於區塊鏈搭建的去中心化
世界，是否能推翻這一迴圈？

　　而去中心化機制不等於去中心化結果，從組織邏輯來看，元宇宙的底層是 P2P 點對點互聯的網路，在邏輯上繞過了對平台仲介的需求，從而向建立在集中化、科層化原則的組織結構形成了挑戰。

　　所以在現實中，虛擬貨幣的持有量也越來越向大戶和機構傾斜，又帶來分配結果上的中心化和壟斷。

　　若從內容生產邏輯來看，作為「大規模參與式媒介」，元宇宙的主要推動力將來自用戶，而不是公司，元宇宙是由無數人共同創作的結晶。

　　以至於在內容市場趨向充分競爭的過程中，資本將尋找優秀的內容創作者予以支援。如果平台沒有可觀的變現機制，優質內容與大型資本的綁定將越來越牢固。

　　元宇宙將打開巨大市場空間，內卷競爭是存量市場飽和的結果，每一次人類新疆域的開拓，都是從「存量市場」中發現「增量市場」的過程。「內卷」這個詞最早始於農業生產領域，在網絡傳播和解釋

下，泛指成各行各業及個體過於密集的生產或過度競爭，但最後卻沒有得到發展和突破。「內卷」與「躺平」是當下年輕世代常掛在嘴邊的詞，一個指向「過度競爭」，一個代表「退出競爭」，這兩個截然相反的詞語折射出年輕一代對社會競爭白熱化的挫折感。

而元宇宙似乎是內卷化的出路，智慧手機不流行了，更酷的設備即將普及，手機的流量紅利已過，存量競爭比不過增量競爭。

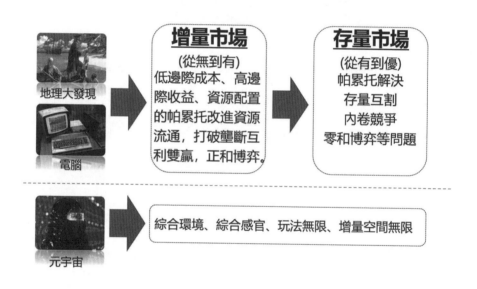

存量用戶時代思考的層面是同一維度的，以前降維打擊、野蠻生長的手法已不太合適，我們要做的是如何更好滿足這個需求，做得比別人更好、更具差異化，以吸引其他用戶過來。隨著網路的發展，線下的需求基本都被網路化，目前所有行業基本上都已處於同一維度，存量時代的需求已經比較明確了，舊的需求也早被滿足，新的需求很難被創造出來，因而較為考慮用戶體驗，提高用戶的價值。替換成

本也成為獲取新客戶最大的障礙，演變為產品價值＝（新體驗－舊體驗）－替換成本，如果新體驗沒有大幅度的突破，產品價值就很難體現。

　　要判斷一個產品或市場為使用者增長還是用戶存量，最好的判斷方式就是有沒有新的需求出現，這個需求是否有人實現了？若有一個新需求被發現或被創造出來，這個需求屬於用戶增長，就可以馬上進場，快速反覆運算形成先發效應搶佔市場。如果這個需求已經被人實現了，且已經形成了一定的頭部效應，那麼就是存量時代。

　　例如 iPhone 出來了，所有人都想用智慧型手機，蘋果面對的就是一個增量市場，市面上所有人都沒有智慧型手機，如何讓用戶買到智慧型手機是關鍵，從無到有。而智慧型手機發展至今，現在人手一台，但人們會汰舊換新，這時候蘋果面對的轉為存量市場，如何讓想換手機的使用者都換成 iPhone，甚至是成為鐵粉，從有到優。阿里巴巴早些年推出的餘額寶，對金融業來說是新的，即從無到有，為增量市場；而銀行本就有信貸業務，這部分和阿里巴巴之後推出的小額信貸有直接衝突，即存量市場。

　　除了從產品的角度思考「增量」或「存量」用戶外，我們還要從經營行銷的角度上去思考。網路經濟也叫眼球經濟，什麼東西能吸引用戶的注意力，消磨用戶的時間，讓使用者停留在你產品上的時間越久，你能獲取的利益價值就越大。

　　在增量時代*，提升已有使用者的使用時長，不及新使用者（特指初次進入該需求的新用戶），而且獲客成本較低，也就是說，新增一

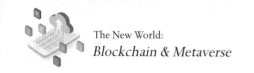
個單位使用時間的成本更低,所以應主要考慮新的用戶。

而到了存量時代*,新增一個用戶的成本變得很高,甚至已經沒有新使用者進入了,市場近乎飽和,所以產品使用的總時間不再能靠新用戶來取得大幅度的提升,只能去搶佔其他產品的使用者時間,或試著延長單名用戶的使用時間。

這裡要注意的是,搶占其他產品的使用者時間不局限於同類產品或滿足同需求的產品,因為每個使用者上線時間基本是一定的,每人一天最多 24 小時,用戶的時間被搶佔了,就沒有時間使用你的產品。

比如現在的 YouTube 和抖音,已經搶走了很多原本屬於遊戲和逛淘寶的時間,使許多平台的使用者流量大幅度降低;同時延長用戶時間也已經達到極限,當年 PC 時代,平均用戶線上時長是 5 小時左右,現在的線上時長達到了 11 小時,在沒有新硬體或其他交互使用出現之前,用戶線上時長很難再有突破;總而言之,產品所處的市場競爭程度不一樣,我們所思考的層面也不盡相同。

✱**增量時代(從無到有):**流量＝新增用戶。

✱**存量時代(從有到優):**流量＝使用者時間。

🚀 元宇宙重點發展方向

元宇宙已初步顯示出其巨大的潛力,各大網路公司及各個區塊鏈項目紛紛入局元宇宙,但從各種意義上來說,元宇宙的發展依舊十分

早期。未來元宇宙勢必要在更多方面進一步發展，才能達到我們最終期望的樣子，具體又還有哪些路徑是屬於元宇宙未來的重點發展方向呢？

① 硬體層面的進化

PC、智慧型手機上已有許多帶有元宇宙屬性的應用，但當前的應用還未體現出元宇宙能帶給大眾的優勢為何。現今引領元宇宙的前沿設備中，以 AR（增強現實）、VR（虛擬現實）、MR（混合現實）為領頭羊，但就這些硬體設備來說，其性能依舊受到嚴重制約，最直接的問題就是顯示功能和產品效能。

目前 VR 中的顯示效果最好，解析度已經達到 4K，部分設備甚至能達到 8K，但其中還有更新率（顯示螢幕每秒更新的張數頻率）的問題，一些設備更新率雖已達到 144Hz，但要達到人眼級別的辨識率還差一大截，且能達到人眼辨識率的設備價格一定非常高昂，無法作為一般消費性產品，更別說要在市場上普及。

另外 VR 是使用電腦設備作為運算端，其性能還是受制於電腦設備，即使是當前頂尖 3090 顯卡搭配較高規格的電腦，能以最高畫質 4K 和更新率 144Hz 在大型遊戲上暢玩，但 VR 畫面是透過雙眼呈現，這樣的性能需求明顯不是當下的電腦所能支援的。

再以 AR 中的產品代表 Hololens2 和 MR 中的產品代表 Magic Leap 來說，由於需要考慮與現實的環境交互轉換，需掃描周圍環境，並建立座標和模型，所以要有更強大的計算能力，可能讓反應速度和

顯示的畫面效果大打折扣。所以，即便 VR 已步入 4K 畫面，但礙於效能的限制，AR 和 MR 還在很初階的畫面，難以呈現複雜的 3D 模型，若想在虛擬世界中暢遊仍相當困難。

且從 Hololens 高昂的價格和 Magic Leap 慘淡的銷量來看，我們可以明白一點，現有的顯示技術無法支撐起成熟的消費級 AR/MR 產品，AR 和 MR 若要像 VR 一樣走入更多人家中，還有很遠的路要走。

硬體方面除了圖像輸出的顯示器外，其他訊息輸入的硬體和反饋設備也要進一步討論。現有的輸入方式有傳統遊戲手把、觸控手把，也有捕捉動作技術的手把，但輸入的方式仍在整合，尚未完全成熟，這些手把和動作捕捉的反饋效果有還未完善，當前的 VR 體驗只停留在現實中輸入，從虛擬世界中反饋的單向模式。

《一級玩家》中的主角穿著的是帶有直接反饋功能的體感衣，虛擬世界中的效果會直接反應在現實世界中，市面上僅有幾間公司在嘗試，研發出手部、身體和頭部的個別反饋效果，要達到電影般的整體反饋程度，仍有許多技術問題要克服，這也是目前 VR 硬體面臨的一大挑戰。但有缺陷意味著有改良空間，硬體做到現實與虛擬世界雙向反饋，便是元宇宙未來最完整的形態。

當然，VR/AR/MR 只是元宇宙其中幾項，或許我們也可以等馬斯克成功研發出直接連接腦部的機器。

② 基礎設施的建設

沒有 4G、5G 的升級，就沒有如今繁榮的行動應用生態，前端應

用的發展會受到基礎設施的制約，對於元宇宙來說，要建構更好的生態，並保證用戶能有好的使用體驗，網路速度的提升是十分必要的。

現在手機的發展是不斷將更好的硬體集成到手機上，但這一條集成之路我個人認為也快走到底了。有的大廠也在考慮另一種解決方案，讓我們的手機或未來的智能設備能脫離硬體的枷鎖，在 5G 甚至是未來 6G 高速網路的基礎上，把這些智能設備的運算端放到雲服務器上，讓設備成為一個顯示端，如此一來便可進一步提升設備的顯示能力，效能也能大大提升。隨著基礎設施的建設，我們拿在手上的手機或未來配備的 VR/AR/MR 設備，可能會變成僅是一個顯示器，也有可能會反超現有科技的技術誕生，成為元宇宙未來的技術基礎。

③ 軟體層面的更迭

除了硬體設備要克服外，元宇宙也欠缺軟體支援。其實從 Roblox 以工具入門，所衍生出的 2,000 萬個遊戲，成為目前最大、最類似於元宇宙的平台，可以看出工具能帶來的龐大生產力。

但一個好工具是十分難得的，這也是為什麼目前全球最熱門的兩款沙盒類遊戲 Roblox 和 Minecraft，其人物畫面和建築風格都比較抽象，而非寫實的建築和細緻的人物，因為精緻的遊戲畫面對性能要求也更高，對設計人員的技術程度自然也要求更高，且建構的要素還要考慮製作週期和推廣難度等問題，所以對於元宇宙來說，構建元宇宙的虛擬世界，需要更優質的軟體來支援。

我們或許可以從另一角度來思考，解決這個問題，比如使用 AI

來製作虛擬世界所需的龐大基礎素材，以此為基礎，再推出一個更容易使用的前端，把複雜的建構交給 AI 實現，設計者負責創意和設計部分就好。

目前，AI 技術最領先的公司為 rct AI 公司，他們擅長在不同類型和題材的遊戲場景中，為遊戲開發者打造一系列的解決方案，覆蓋遊戲的全生命週期，包含智能內容生成、智能測試、智能數據營運、智能投放等類型，其實方法有很多，期待未來有更多的解決方案，為元宇宙的虛擬世界提供更多資源。

④ 內容方面的支持

現在於元宇宙 VR/AR/MR 等技術方面尚不足，在內容產出部分也不夠，如裝機量不足就無法吸引更多內容和遊戲製作者，而缺少這些內容和遊戲支援，更難吸引人購買，裝機量根本提不上去，兩者環環相。

因此，我們需要更多關於元宇宙的內容呈現，這可能是內容創業者們的下一個藍海。當前 PC 層面的元宇宙，已經有類似 Roblox 和區塊鏈遊戲 Axie Infinity 等成功案例在前，相信這樣的造富效應，會讓資本願意投重金去支持元宇宙在 VR/AR/MR 方面的發展，打破現有僵局。

關於元宇宙的未來發展，就好比《哈姆雷特》一般，1,000 名讀者或許就有 1,000 種哈姆雷特，但站在一個歷史的交匯口，我們可以肉眼看見一些主流價值的呈現，以及一些可以想像和期待的機會點，

當然這些機會點只是勾勒出輪廓，我們是探險家，不是預言家。

所以，想要預言未來，最好的辦法便是瞭解它的過去和當下，這也是現階段元宇宙的發展狀態。

基於目前的理解，元宇宙的演進可能會經歷以下三個階段。我這裡想強調的是，元宇宙階段的演化與元宇宙概念本身的存續，仍存在著許多不確定性，所以我建議投資者要密切關注基礎科學和底層技術的演進，以及網路監管的發展趨勢，適時調整投資決策。

① 虛實結合

在元宇宙的初級階段，現有物理世界的生產過程和需求結構尚未改變，線上與線下融合的商業模式將繼續以沉浸式體驗的方式加速進化。以買衣服為例，早期我們透過在電商平台上瀏覽圖文評價的方式來獲取平面資訊；如今短視頻以及直播帶貨成為風潮，藉由立體化互動呈現衣物在不同模特兒身上的效果，降低資訊的偏誤；未來在 AR/VR 技術的加持之下，我們有望直接看到衣服在自己身上呈現的視覺效果，從而做出更合理的購買決策。

從表面上看，沉浸感是一種豐富感官體驗的形式，而從核心分析，沉浸式體驗其實秉承著和區塊鏈類似的屬性，即充分獲取真實有用的資訊，以此促進虛擬體驗與現實世界的交互。

由此可見，這一階段投資的關鍵領域在於沉浸式體驗的工具及具有品牌合作能力的 O2O 龍頭，目前多元化業務傍身的網路產業中的龍

頭企業仍是主要受益對象。但隨著 AR/VR 進入商用階段，消費性產品的普及將帶給整個產業鏈廣泛的投資機遇。

② 虛實相生

數位化技術不僅將虛擬世界變得更真實，還將改造物理世界的生產過程。Mob 研究院的數據顯示，近年因受到疫情影響，全年人均每天使用手機時長達到了 5.72 小時，除去睡覺時間（假設 8 小時）大約佔全天時間的 36%。

因此可以預測人們在虛擬空間的時間佔比有望上升至 60%，一方面原因為人工智慧、大數據、工業智慧化等先進技術大幅提升了生產效率，使現實世界的勞動力需求銳減；另一方面則在於虛擬世界的內涵不斷豐富，不僅是娛樂，我們的工作生活也逐步向元宇宙遷移，人工智慧、仿生人、基礎引擎等相關業務，也將正式進入變現階段。

③ 虛即是實

元宇宙的終極形態為人類永生，即人類借助腦機介面的交互技術，將整個大腦意識上傳到虛擬空間，徹底擺脫物理軀殼的束縛。屆時，人類在虛擬空間的時間佔比可能接近 100%，而人類的生理需求也將不斷降低，由完整的精神意識取而代之。

物理世界與衣食住行的相關生產可能將完全失去意義，元宇宙甚至不需要在虛擬世界類比現實種種，只要直接向人類神經元提供相應效果的感官刺激就好了，但這可能面臨道德倫理的問題。在「脫碳入

矽」人類社會被機器社會取代的過程中，人類最終或許會在技術突破下克服對自身存在的恐懼，進化為更高維度的生命體。

元宇宙的工業應用前景

元宇宙概念最初誕生於科幻小說，並快速應用於遊戲、社交媒體等行業，但它是否能應用於工業企業，例如建構下一代智慧生產和智慧供應鏈。目前有諸多企業投入相關製造、研發，在元宇宙下，工業肯定會被徹底顛覆，元宇宙不再是科幻小說，我們的物理世界和虛擬世界已開始快速融合，這種顛覆將在工業領域創造出我們過去無法想像的機會。

微軟在元宇宙應用程式的技術堆疊現已可用，它實現了跨行業的突破性轉型，從流程製造、零售、供應鏈、能源和醫療保健。百威啤酒就是一個很好的例子，百威在全球有 200 多間啤酒廠和 15 萬名員工，是目前世上最大的啤酒製造商，他們致力於生產最高品質的啤酒，他們是生產、製造的專家，而他們也利用這個堆疊運用於他們的營運上。

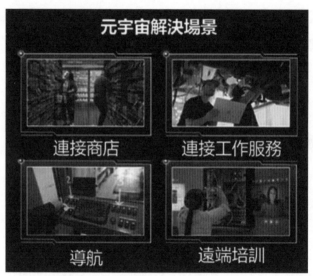

元宇宙解決方案。

百威啤酒使用 Azure 數位孿生為其啤酒廠和供應鏈創建了一個全面的數位模型，與他們的現實環境同步，而數位模型是即時且最新的，能馬上反映出啤酒的天然成分和釀造過程之間複雜的關係，其釀酒師再根據數據變化進行調整，為一線操作員提供了質量和可追溯性資訊的綜合分析，以利他們在包裝過程中能將產能最大化。

百威還使用了深度強化學習系統來協助生產線的作業員檢測，並自動補強複雜操作中所遇到的瓶頸。他們甚至在數位孿生上混合現實，進行遠端協助，從而促進跨地域的資源共享。該技術堆疊下的產能優化和維持品質穩固，使百威能確保客戶每次啜飲都是最完美的，同時滿足他們大膽的業務和永續發展的目標。

如同微軟將其元宇宙產品稱為「企業元宇宙」，輝達也稱其 Omniverse 平台為「工程師的元宇宙」，在 2021 年 8 月舉辦的線上

電腦圖形學年度會議上，更宣布擴展其 Omniverse 平台。

　　Omniverse 於 2019 年 3 月推出，它是「一個開放的協作平台，用於簡化即時圖形的工作室工作流程」，允許工程師透過共同處理該產品的數位模型來協作建構物理產品。Omniverse 與微軟有著相同的「數位孿生」理念，無疑為智能製造的產品 3D 設計開闢一條新路。

　　Omniverse 基於 Pixar 開發的開源技術，被稱為通用場景描述（Universal Scene Description，USD），Nvidia Omniverse 副總裁 Richard Kerris 將其描述為「3D 的 Html」，他說包括蘋果在內的許多其他公司都支持 USD，就像從 Html 1.0 到 Html 5 的旅程一樣，他也表示 USD 將繼續從現今的新生狀態，演變為對虛擬世界更完整的定義。

　　輝達將 Omniverse 定位為「連接開放的元宇宙」，這表明他們將 Omniverse 視為網路瀏覽器的 3D 等價物，可以想像一個 3D 的瀏覽器將會為未來的數位工業及其它行業，諸如醫療、零售……等帶來無限可能。

任何正在進行數位化轉型的企業，其最終目標便是創建新的商業模式，以提高其生產力、安全性和盈利。雖然大多數企業熱衷於「如何使他們的機器和流程更智慧化」，但忽略了一個非常嚴重的事實，根據 Gartner 調查，只有 20% 的員工擁有當前角色和未來職業所需的技能。這是相當殘酷的事實，所以為了保持並提高競爭優勢，工廠的培訓部門必須採用替代培訓的方法，以準確的關鍵績效指標（KPI）來有效追蹤培訓效率。

統計資料和案例研究證明，大多數員工都是實踐型學習者，有 70% 的技能和知識來自體驗式學習。但在現實中，僅憑經驗瞭解工廠的每個生產流程和緊急情況是一個很長的學習曲線，若想獲得營運商 20 年經驗的效率，就必須真的等待 20 年。因此，真正的挑戰在於如何有效減少操作員熟練的時間。

這是企業必須對非常規培訓模型和相應投資做出戰略決策的部分，作為他們數位化轉型路線圖的一部分，考慮投資於數位資產、3D 網格模型和 IP 等無形資產創建至關重要，與有形投資（例如升級機器）同等重要，這些是大多數工業 4.0 解決方案，包括虛擬和增強現實培訓模組，以及沉浸式數位孿生類比。

企業還可能受到常見障礙的阻礙，例如缺乏技術知識、定義的混淆、投資回報率的不確定性和文化因素……等，對員工培訓的傳統思維，例如課堂培訓、進修課程、小組討論，在未來將無法維持企業的發展，所以你必須在為時已晚之前，考慮採用更強大、更智慧的培訓方法，也就是使用沉浸式 VR/AR 技術。

元宇宙使用沉浸式 VR/AR 技術智慧的培訓方法。

我們透過雙眼 360 度觀看世界，視覺線索在我們對環境的理解中起著重要作用，至於非視覺線索，例如透過來自四肢和肌肉的神經元的運動感（動覺學）、方向和平衡感測器，讓我們在頭部運動時穩定眼睛和本體感覺，為一種提供位置感的潛意識空間，另外聽覺、觸覺、嗅覺等也有助於身體體驗。

一旦用戶被傳送到虛擬工廠，他就可以交互操作機器，以完全相同的方式學習實際流程，就像他在在職培訓、實踐中學習一樣。虛擬實境（VR）和增強現實（AR）培訓模組是讓體驗式學習效果顯著的秘訣。

另外 Smart MFG 創建的加密貨幣代幣 MFG，主要用於供應鏈和智慧合約，但未來也可用於生態系統中，諸如……

⊘ 供應鏈數位化轉型激勵和獎勵計畫。

◉ 激勵新業務並優化供應鏈的結果。

◉ 智慧支付,商品和服務的無邊界支付。

◉ 供應鏈代幣化(NFT)。

◉ 在合作夥伴平台(如 SyncFab)上對真實世界的硬體、資產進行權證化,以實現 IP 保護和反欺詐。

◉ 供應鏈 DeFi(去中心化金融)。

    Smart MFG 也有一項激動人心的新發展,即透過區塊鏈增強傳統的供應鏈金融,例如貿易、金融、保險理賠和貼現,以提高供應鏈的效率,也可向流動性提供者(LP)獎勵。

    針對 NFT 市場,使用者可以將物理和虛擬資產通證化,以進行數位記錄保存、所有權、存儲、轉讓和銷售。

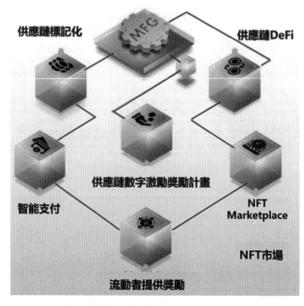

MFG 助力智慧製造去中心化。

香港一家公司 Metaverse Solutions 正在探索如何用元宇宙建構未來的供應鏈解決方案。世界在變，供應鏈也在變，在過去 5 年裡，全球化一直是主導、推動經濟發展的力量，而現在出現一個新的主要經濟驅動力：虛實相連數位時代。連線性和計算能力的增強，將使距離變得更小，而且這種趨勢會持續下去，以 2.5 千億位元組 / 天的速度形成的數位世界就在我們手中，也就是「元宇宙」。

Metaverse Solutions 公司也指出：「只要我們是人類，就需要有意義的個人接觸，但見面的頻率時常因為各種原因發生變化。所以，元宇宙提供了一種替代方案，其中遠端協作將變得直觀，並能夠配合當地語系。從今天開始嘗試用元宇宙技術在虛擬空間構建未來的供應鏈協同和協作。」

Metaverse Solutions 公司使用來自 RealWear 的新 XR 設備 HMT-1 進入元宇宙。HMT-1 是個強大的工具，它能夠使工程師和作業人員與遠端團隊進行互動，不僅能跟蹤和即時傳輸佩戴者的運動和視野，還能夠接收語音指令或直接發送到佩戴者頭戴式設備上顯示圖像。

RealWear：連接設備外部。

元宇宙可看作是數位化基礎設施的新層次，使數位化基礎設施產生革命性的變化，該新的層次建立在以下新興數位技術的基礎之上。

- 雲計算和邊緣計算。
- 5G 至 6G。
- 物聯網（IoT）及感測器技術。
- 數位孿生。
- 人工智慧及高級分析。
- VR/AR/MR/XR 及腦部接口軟體和硬體。
- NFT 和區塊鏈。

數位化基礎可謂企業元宇宙創新成功的保證，雖目前距離大規模元宇宙的產品化還十分遙遠，但虛實融合仍是網路發展的大趨勢，不管是公部門還是私人企業，都應積極布局、發展。

好比推動元宇宙相關專精特新技術發展，如 VR、AR、雲計算、大數據、物聯網、人工智慧、數位孿生、智能硬體。或是推動元宇宙相關行業發展，如智能城市、智能園區、智能汽車、電子商務、數位旅遊、教育類遊戲、心理治療、老人陪伴、潮流時尚品牌。

元宇宙生態版圖漸趨成熟

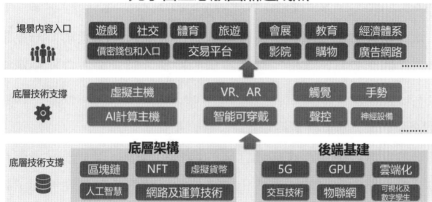

元宇宙的梯次產業變革

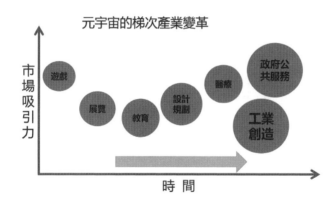

元宇宙帶來廣泛的資料需求

🚀 元宇宙投資的 8 大觀點

元宇宙像極了 2016 年區塊鏈剛步入大眾眼中的樣子，一晃眼區塊鏈已從概念成為可落地、實際應用的技術，而元宇宙它不是單純的技術，它更像是一個場景、一個和 Web3.0 一樣宏大的概念，區塊鏈甚至是其中的一個重要構成環節。

這些零零散散，在朦朧間浮現的場景和價值呈現，值得我們花費更多心思去探索和了解，而這也正是目前所踐行的目標和方向，畢竟序幕已經拉開，我們看到了一個奇異點的臨近。

但當前元宇宙產業處於「亞健康」狀態，由於元宇宙產業還處於初期發展階段，具有新興產業不成熟、不穩定的特徵也相當合理，未來的發展不僅要靠技術創新引領，還需要制度創新（包括正式制度和非正式制度創新）的共同作用，才能讓產業發展成熟，以下提出幾項觀點。

① 元宇宙發展近似網路

Facebook 更名 Meta，全面轉向元宇宙，引發資本市場關注，元宇宙的終極形態將指向人類的數位化生存，對社會產生深遠的影響，但需要較長時間。過去 20 年，網路改變人類生活，將人和人的交流數位化；未來 20 年乃至更久，元宇宙將把人與社會的關係數位化。

元宇宙將呈現漸進式發展，單點技術創新不斷出現和融合、連點成線，各產業均向元宇宙靠近。如同 20 年前我們無法預測出網路的發展一樣，我們現今也無法準確判斷未來元宇宙的形態，但可以推論元

宇宙最終可能包含這些特徵

特徵一、三維沉浸式體驗；特徵二、人和社會關係數位化；特徵三、物理和數位世界交匯；特徵四、海量使用者創作內容；特徵五、數位資產價值顯現等；當前全球科技巨頭陸續布局元宇宙相關產業，有望推動 VR/AR、AI、雲、PUGC 遊戲平台、虛擬人物等領域的漸進式發展。中長期看，元宇宙的投資機會包括：GPU、3D 圖形引擎、NFT、雲計算和 IDC、高速無線通訊、網路和遊戲公司平台、數位孿生城市、產業元宇宙，以及太陽能等永續能源等。

2 Facebook 值得期待

從 FB.US 到 MVRS.US，不只是 Facebook 名稱改變，更是 20 至 30 年之後的數位化生存願景。2021 年 7 月，祖克伯早在多個場合表示，Facebook 預計在未來幾年從社交媒體公司轉變為元宇宙公司。2021 年 10 月 28 日的 Facebook 大會上，祖克伯正式宣布公司改名 Meta，未來將以元宇宙為先，同時宣布了 Horizon Home 和下一代 VR 設備等內容。

祖克伯在演講中稱，Meta 將「元宇宙」視為技術的下一個前沿，人們將在那裡生活、工作和娛樂，但也承認這將需要 5 至 10 年的時間才能成為主流。Meta 在 2014 年以 20 億美元收購 Oculus（一家美國虛擬實境科技公司），其 VR 穿戴式裝置 Oculus Quest 2 從 2020 年 9 月發售至今，累計銷量超過 400 萬台，可以發現我們確實朝著元宇宙前進。

The New World:
Blockchain & Metaverse

③ 元宇宙將重塑技術及經濟

元宇宙沒有標準定義，如前所述，元宇宙是未來 20 年下一代網路，是人類未來的數位化生存，其一系列技術的連點成線再成面，能帶來超越想像的潛力，驅動產品創新和商業模式創新。終極的元宇宙將包含網路、物聯網、AR/VR、3D 圖形繪製、AI 人工智慧、高效能計算、雲計算等技術。

終極元宇宙尚需極大的技術進步和產業創新，可能要到 20 至 30年之後才有可能實現，屆時會有更多工作和生活數位化，線上時間顯著增長、三維虛擬世界、高智慧的 AI 等，都將為人類的數位經濟帶來高度繁盛。簡言之，終極元宇宙將是科技與人文的結合，是科技對人的體驗和效率賦能，是科技對經濟和社會的重塑。

④ 元宇宙終極場景

元宇宙終極場景可能的特點：三維沉浸式體驗、人和社會關係數位化、現實與虛擬世界交匯、海量使用者創作內容、數位資產價值顯現與人類的永生等。

⊘ 元宇宙能給用戶帶來沉浸式的網路體驗，從二維到三維，從平面視覺提升至更豐富的感官體驗。

⊘ 元宇宙中，人機交換技術達成，超越人和人之間的交互體驗，從「社會關係的數位化」到「人與世界的關係數位化」。

⊘ 現實世界和虛擬世界的交集越來越大，直至重疊乃至超越，同樣地，

虛擬世界也將反作用於現實世界。

⊘ 網路內容從 PGC 走向 UGC，用戶既是消費者也能成為生產者。

⊘ 數位資產將不只是現實世界資產的數位化，原生於虛擬世界的數位資產也將顯現出更多價值，產生更宏偉的數位經濟規模。

⊘ 腦機介面的成熟將使人類在元宇宙中可以永生！

⑤ 全球科技巨頭布局元宇宙相關產業

Facebook 改名 Meta 全面轉型元宇宙公司，在 VR/AR 終端、虛擬實境平台、內容等持續投入，是最全面的元宇宙布局者；騰訊對 Epic Games 投資，持續投入內容和社交，布局全真網路；Roblox 在 PUGC 遊戲資產領域的探索，實現遊戲生產者和消費者的經濟閉環；輝達 Omniverse 在人機交互視覺領域的探索和 GTC 發布會的嘗試大放異彩；字節跳動收購 Pico，拓展 VR 版圖；蘋果高度看好 AR 發展，計畫在 2022 年下半年推出相關眼鏡產品。

⑥ 投資機遇

優勢企業在關鍵領域具有顯著優勢，產業鏈多環節孕育出不少投資機會。遊戲和社交可能是目前元宇宙最早落地的使用者端產品型態，但中長期看，最具備投資價值的領域仍為具有較強技術和市場優勢的公司，如 GPU 領域中的輝達、圖形引擎公司 Epic 和 Unity 等。VR/AR 有望競爭元宇宙核心終端設備，這部分可以關注 Facebook、蘋果、小米等手機和科技硬體公司的基礎硬體設備和軟體工具的創新。

此外，元宇宙基礎設施如雲計算、IDC、5G、低軌衛星等，涉足該領域的公司長期受益於數位化進程，也相當值得關注。而在應用層，我們最先看到的突破可能來自騰訊、字節跳動、Facebook 等科網巨頭在遊戲、社交、廣告等領域的探索。此外，元宇宙對電力能源的消耗，中長期需要尋找更穩定的永續能源，所以特斯拉在太陽能和儲能領域的探索亦值得我們關注。

⑦ 風險因素

元宇宙初期推出的產品往往爭議較大，商業化效果有較高的不確定性；世界各國對元宇宙的政策和監管也充滿不確定性；AI、圖形引擎及無線通訊等各方特面的技術，都有可能影響元宇宙發展進程，相關技術進程亦具有不確定性；PUGC 和 UGC 的轉變，給網路平台帶來更迭和挑戰；元宇宙和現實世界帶來大量的電力能源消耗，需要更多可持續能源和儲能基礎設施，未來能源結構勢必充滿挑戰等，以上種種都是可能衍生的風險。

⑧ 投資觀點

當前時間點，很難看出在元宇宙趨勢下短期受益的投資標的，但若是中長期，看好元宇宙相關領域的投資機會，如：輝達、Epic、Unity、特斯拉、騰訊、字節跳動、米哈遊、Facebook、蘋果、微軟、亞馬遜、谷歌、阿里巴巴、Roblox、百度、宏達電、台積電、台達電等公司。同時，在一級市場上也有許多新興企業在進行創新和嘗試，

這些公司亦可能登陸資本市場，帶來投資機會。

⑨ 元宇宙產業生態系

關於元宇宙產業生態系，可分為幾點跟各位討論。

生產性： 市場規模小，只有少量領先型用戶，難以產生大規模經濟效益；相關新興技術的基礎研究投入多，但技術成果轉化能力不高，即基礎創新尚可，落地應用不夠；產業成長能力較強，具有一定發展潛力。

穩健性： 潛在主導設計相互競爭，不確定性高；核心產品種類少、性能不穩定；缺乏統一的標準體系，潛在標準相互競爭；輿論泡沫仍然存在。

組織結構： 核心企業尚未明確；配套投入企業數量少，與核心企業處於搜尋、協調過程；仲介組織數量少，水準較低。

服務功能： 技術、資金、創業等相關支撐要素短缺；對應政策缺乏，監管體系不完善。

適應性： 產品具有獨特價值，但價格較高或產品適用性受限，若發展完善，對社會貢獻程度較高；對其他產業生態系統發展具有促進作用，但也可能對一些傳統產業造成衝擊；元宇宙產業發展伴隨著大規模資料中心的建立，可能會產生能源消耗的問題。

公平性： 公平性理念還需加強，必須打造公平的競爭環境；元宇宙產業發展需仰賴於產業生態系統中各主體的相互配合與共同支撐，

所以要建構系統主體間合理的利益分配機制。

以下列出關注元宇宙概念下底層技術的相關公司,大家可以多加認識。

	公 司	代 碼
引擎工具	Unity	U.N
	Roblox	RBLX.N
	Epic	未上市
算力	Nvidia	NVDA.O
	Intel	INTC.O
	AMD	AMD.O
	Tesla	TSLA.O
區塊鏈	Square	SO.N
	Coinbase	COIN.O
硬體平台	Facebook	FB.O
	Google	GOOGLO
	Apple	AAPL.O
	Sony	SONY.N
	Microsoft	MSFT.O
	Snapchat	SNAP.N
軟件+應用	騰訊	0700.HK
	字節跳動	未上市
	Bilibili	BILI.O/9626.HK

	公 司	代 碼
雲計算	amazon	AMZN.O
	阿里雲	BABA.N/9988.HK
	IBM	IBM.N
	Microsoft	MSFT.O
	HUAWEI	未上市
	百度雲	BIDU.O/9888.HK
	Adobe	ADBE.O
	騰訊雲	0700.HK
	Google	GOOG.O/GOOGL.O
	Oracle	ORCL.N
晶片	Qualcomm	QCOM.O
	AMD	AMD.O
	Nvidia	NVDA.O
	台積電	TSM.N/2330.TW
	瑞芯薇	603893.SH
	全志科技	300458.SZ

	公 司	代 碼
人工智慧	商湯科技	待上市中
	雲從科技	7月20日科創板上市過會
	依圖科技	未上市
	曠世科技	9月9日科創板上市過會
	科大訊飛	002230.SZ
	百度	BIDU.O/9888.HK
	小米	1810.HK
	Microsoft	MSFT.O
	搜狗	SOGO.N
	騰訊	0700.HK
	HUAWEI	未上市
顯示	京東方A	000725.SZ
	索尼	6758.JP
光學	舜宇光學	2382.HK
	聯創電子	002036.SZ
傳感器	韋爾股份	603501.SH
空間定位	奇景光電	HIMX.O

	公 司	代 碼
光通信	亨通光電	600487.SH
	中天科技	600522.SH
	中際旭創	300308.SZ
	新易盛	300502SZ
	天孚通信	300394 SZ
	光迅科技	002281.SZ
	博創科技	300548.SZ
IDC	科華數據	002335.SZ
	光環新風	300383.SZ
	佳力圖	603912.SH
	數據港	603881.SH
	奧飛敬據	300738 SZ
	英維克	002837.SZ
ODM OEM	聞泰科技	600745.SH
	欣旺達	300207.SZ
	歌爾股份	002241 SZ
UI/OS	中科創達	300496.SZ

	公司	代碼
交換機 路由器	紫光股份	000938.SZ
	平治信息	300571.SZ
	星網銳捷	002396.SZ
通信模組 物/車聯網	廣和通	300638.SZ
	移遠通信	603236.SH
	移為通信	300590.SZ
	美格智能	002881.SZ
	拓邦股份	002139.SZ
	漢威科技	300007.SZ
	威勝信息	688100.SH
	四方光電	688665.SH
	和而泰	002402.SZ
	鴻泉物聯	688288.SH
	映翰通	688080.SH
工業軟件 數字孿生	寮意信息	300687.S7
	能科股份	603859.SH
網路設備	中興通訊	000063.SZ

	公司	代碼
通信	潤建股份	002929.SZ
遊戲	網易	9999.HK/NTES.O
	心動公司	2400.HK
	完美世界	002624.SZ
影視	數字王國	0547.HK
	愛奇藝	1Q.O
	芒果超媒體	300413.SZ
VR AR 核心元件	AAC	02018.HK
	GIS-KY	6456.TW
	LG	LPLN
	Nidec	6594JP/NJ.N
	NWB	NBW.N
	伯恩	未上市
	高偉電子	01415.HK
	歌爾股份	002241 SZ
	國光電器	002045.SZ
	和碩聯合科技	4938.TW

	公司	代碼
VR AR 核心元件	鴻海科技	2317.TW
	佳凌	4976.TW
	宏達國際電子	2498.TW
	藍特光學	600127.SH
	領益智造	002600.SZ
	美律實業	2439.TW
	歐菲光	002456.SZ
	鵬鼎控股	002938.SZ
	全志科技	300458.SZ
	瑞聲科技	02018.HK
	玉晶光	3046.TW
	長盈精密	300115.SZ
	兆威機電	003021.SZ
	藍思科技	300433.SZ

欲投資元宇宙股份有限公司請掃描QR-Code

4 ｜ 我要前進元宇宙！

各位準備好了嗎？想走進元宇宙世界，先從以下簡單幾件事做起。

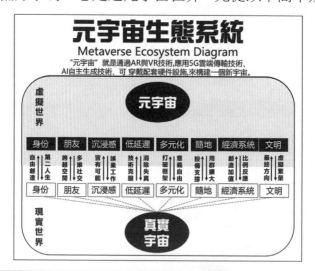

元宇宙生態系統
Metaverse Ecosystem Diagram

"元宇宙"就是通過AR與VR技術，應用5G雲端傳輸技術、
AI自主生成技術、可穿戴配套硬件設施，來構建一個新宇宙。

虛擬世界

元宇宙

身份	朋友	沉浸感	低延遲	多元化	隨地	經濟系統	文明
自由創造 / 第二人生	跨越空間	多維社交	皆有可能	娛樂工作	技術克服	消除失真	打破框架 / 意義自由	設備支援 / 用群擴大	創造加值 / 比例反應	最終方向 / 虛擬繁榮
身份	朋友	沉浸感	低延遲	多元化	隨地	經濟系統	文明

現實世界

真實宇宙

<想走進元宇宙世界，從這9件事做起>

⊃ 初階班~
1、看電影：《一級玩家》《阿凡達》《無敵破壞王》《創：光速戰記》《獵殺代理人》《駭客任務》
2、玩遊戲：《Axie Infinity》、《動物森友會》、《Roblox》、《Celestial》《F1 Delta Time》
3、讀資料：元宇宙相關公司訊息，騰訊、微軟、臉書、蘋果、輝達等最新布局及區塊鏈相關媒體
　　　　　元宇宙相關雜誌、書籍、財經新聞、商業市場、名人社群等。

⊃ 中階班~
4、上區塊鏈相關課程，如，魔法講盟區塊鏈證照班、元宇宙趨勢班等相關課程
5、開始建構、學習、安裝相關Dapp及網站，如：錢包、交易所、區塊瀏覽器等
6、小試身手買賣小額加密貨幣、並試者交易虛擬貨幣，持續與區塊鏈老師、同學交流

⊃ 高階班~
7、用VR或AR設備玩遊戲、開會、參加演唱會、進行線上社交等活動
8、開始進入市場，購入虛擬貨幣，收藏NFT藝術品，並了解市場最新訊息

⊃ 進階班~
9、在元宇宙中賺錢：成為虛擬創作者、發行TOKEN、NFT、遊戲作品、提出解決方案等

從電影、遊戲中理解元宇宙

元宇宙概念最初來自於科幻作家史蒂文森在 1992 年所創作的科幻小說《雪崩》，意指大眾在共用的線上虛擬世界互動，甚至在裡面生活、工作。故事中創造了一個平行於現實世界的虛擬世界，在現實世界中人們被地理位置所限制，但在虛擬世界，人們可以透過各自的「化身」進行交流娛樂，不受地域限制。

史蒂文森在《雪崩》中，原意為描述一個荒誕的賽博朋克世界，以此來警示人們注意資本主義與無管控的科技進步帶來的荒誕世界，但這書中對虛擬科技社會的構想也為大家開啟想像力之門，在《雪崩》廣受好評後，一個與現實世界平行的虛擬網路世界的概念迅速被科幻小說家們接受，並沿用了史蒂文森對其的稱呼，即元宇宙。元宇宙的概念也在隨後的科幻電影中迅速定型。

1982 年的《電子世界爭霸戰》可能是最早出現平行虛擬世界概念的電影，其續作《創戰紀》更加詳細地描述了這個虛擬世界。1999 年的《駭客任務》則描繪了一個「缸中之腦」式的虛擬世界。

近 5 年內，最被大眾熟知的元宇宙概念呈現為史蒂芬·史匹柏執導的科幻電影《一級玩家》，描述 2045 年的現實世界是個處於崩潰邊緣、混亂不堪的煉獄，人們將希望寄託於「綠洲」，一個覆蓋全球的虛擬世界。

人們只需戴上 VR 設備，就可以進入這個與現實世界形成強烈反差的、繁榮的虛擬世界，在裡面體驗不同的人生。在《一級玩家》中，元宇宙成為未來人類社會的一部分，現實生活中的距離被元宇宙進一

步拉近，在現實中不得志的人們進入元宇宙宣洩與表現自己。

　　科幻電影中對元宇宙的描繪大致如下。

⊙ 給予使用者超越現實規則的體驗，擺脫物理意義的時空觀，讓現實
　生活中的時間與地點對人類活動的限制大大削弱。

⊙ 基於匿名的新身分代入，用戶能夠自由隨時接入，從虛擬世界獲得
　身分轉換帶來新鮮感，以及 AR/VR 帶來的沉浸感。

⊙ 元宇宙將使用者從體驗者轉變為內容生產者，使用者彼此在其中建
　立高度關聯性，從而形成真正的虛擬社會。

⊙ 用戶可以透過在虛擬宇宙內進行活動，為虛擬社會創造價值，賦予
　了「玩遊戲」本身的社會性與社會價值。

　　以下分享 6 部內容、素材與元宇宙概念的電影給各位，建議大家
一定要看。

① 一級玩家

　　2045 年地球大多數地區變成貧民窟，人們為了逃避混亂的現實
世界，大部分時間都投入在虛擬的遊戲世界「綠洲」中，在裡面工作、
娛樂及尋找彩蛋。綠洲創始者詹姆士・哈勒代去世前將一顆彩蛋藏於
遊戲某處，找到彩蛋的玩家能夠獲得綠洲的經營權，以及創始者留下
的 5,000 億美元遺產。

　　這吸引許多獵蛋客（Gunters）在遊戲裡奮力尋找，包括哈勒代的

敵對公司「創新線上企業」，其執行長諾蘭・索倫托召集了一大批契約勞工，眾人組成部隊執行尋蛋任務。

而在俄亥俄州的哥倫布市，有一位住在由拖車屋組成的疊樓區的 17 歲玩家韋德・瓦茲，他在綠洲裡以帕西法爾為虛擬角色身分，跟 3 位至交艾區、大刀和小刀一起行動，共同合作闖關，避免角色死亡造成進度歸零的危機。

在元宇宙中，讓 Facebook 等企業摩拳擦掌的主要誘因為等價經濟系統，元宇宙強調一個共通的貨幣與生產消費系統，可與實體法幣等價兌換。人們可以在其中購買自己喜歡的物品，例如漫威等 IP 頭像或虛擬物品，也能贊助崇拜的音樂人或創作者；相對的，用戶也可透過創作、競賽、勞務，賺取虛擬貨幣，並與現實法幣互換，所以《一級玩家》裡的 5,000 億獎賞能兌換到現實世界中使用，因而讓眾人瘋狂。

② 阿凡達

阿凡達（Avatar）意為化身，故事敘述在未來世界中，人類為獲取潘多拉星球的資源，啟動逼迫潘多拉星球土著納美人遷移的阿凡達計畫。

潘多拉星球充滿著浪漫、和諧、神祕與壯觀的氣息，參天巨樹、神祕植物、飄浮在空中的群山、色彩斑斕的茂密雨林、如水母般的樹種、各種會發光的動植物，當然也不乏各種凶猛的飛禽走獸。潘多拉星球的土著納美人聚落在一棵大樹「家園樹」周圍，納美人的神「艾

娃」跟這個大樹是一體的，常常給族人展現神蹟。

　　女科學家葛雷發現了這裡的納美人，並寫專書介紹，同時對納美人的文化展開科學研究。為此葛雷將自己的 DNA 和納美人結合，培養了和納美人一樣的女性「阿凡達」身體，藉由靈魂轉移術控制軀體，進入納美人的群落中與他們進行文化交流，包括介紹人類的醫療衛生技術，並教他們講簡單的英文。

　　在元宇宙中，我們將擁有一個虛擬化身，電影主角透過實境投射裝置，操縱基因改造的異種人軀殼。而元宇宙的基礎構想，就是透過頭戴設備，利用 AR、VR、MR（混合實境）等交互性沉浸技術，進入虛擬世界，以化身角色進行互動，所以每個人在元宇宙中，都能擁有一個截然不同的幻想身分。

取自網路。

③ 無敵破壞王

　　破壞王雷夫是 80 年代早期電玩中的人物，他的角色設定是個壞蛋，卻夢想和同款遊戲中的好人「菲力」一樣受到大眾喜愛，於是他

潛入現代電玩遊戲，試圖跳脫原先的人物設定，在遊戲中他看到了能讓自己成為英雄的機會，一心想要證明自己可以當個好人，因而展開一場大冒險。此題材類似《玩具總動員》系列，只是這次活過來的不是玩具，而是大家熟悉的電玩角色。

這部老少咸宜的動畫中，街機遊戲主角雷夫，透過網路進入連線世界，在其他遊戲中扮演不同角色，這充滿著元宇宙精神的創意，實現跨宇宙的互通性。元宇宙與現有電玩等虛擬世界的最大差異，就在於「跨平台連結性」，你可以從一個遊戲空間，跳到另一個虛擬演唱會，也能轉進朋友的派對或旅遊行程。

元宇宙概念之所以迷人，在於不再是一個個孤立遊戲或 3D 空間，而是具有連結性與互通性，你的頭像分身、虛擬資產、角色互動都可以任意連結，能貫穿整個虛擬世界。

取自網路。

④ 創：光速戰記

　　山姆費林是一位 27 歲的火爆叛逆小子，他對於父親 20 年前離奇失蹤耿耿於懷。他的父親是設計出熱門電玩遊戲的電腦天才凱文費林，山姆某天看到當初父親所設計的程式，進入了父親所創造的虛擬世界，才發現父親本想破解這內部連線系統的運作方式，卻意外捲入系統中，被囚禁於此。

　　迪士尼電影於 1982 年推出《電子世界爭霸戰》為這部電影的前身，是影史上第一部運用電腦動畫拍攝的電影，也創造出影史第一位數位角色，採先進的拍攝方法、更高科技的場景，以 3D 視覺效果，打造全新的元宇宙世界。

　　在元宇宙中，沉浸式體驗非常重要，《電子世界爭霸戰》堪稱最早描繪元宇宙的科幻電影，人類進入虛擬程式空間，必須在遊戲化的賽車場擊敗對手，才能回到現實世界。元宇宙講求沉浸式體驗，打造模擬現實世界的情境，讓使用者的五感完全投入，彷彿進入另一個真實世界。這種電腦程式擬人化、人類虛擬化的角色設定，後來沿用在《駭客任務》裡。

取自網路。

⑤ 獵殺代理人

　　不久的將來可能是個充滿著仿生代理人的世界，有了機器仿生代理人後，人類可以選擇自己喜歡的性別、年齡、造型，不出家門也可以體驗極限的生活。因為仿生代理人的出現，連帶使得犯罪率下降，不再有人類因為意外而死亡。這看似完美的世界直到一宗仿生代理人死於非命的案件產生變化，因為身在家中理應毫髮無傷的使用者卻也連帶死亡。

　　FBI 探員湯瑪斯與夥伴珍妮佛奉命聯手偵辦此案，兩位探員在訪查的過程中遭遇許多阻撓，仿生人生產公司不肯配合調查，更有反對仿生代理人制度的民眾做亂，珍妮佛還因為太過深入查案，他的代理人毀損，其肉身也一樣受到傷害。

　　人機一體（Cyborg）的概念描繪出未來現實世界，人類不再出門，而是躺在家中的角色模擬器，操縱人造人出門上班、購物、社交，甚至犯罪。與元宇宙「肉身操縱虛擬空間角色」雖不同，但都是藉由科技裝置，創造出一種「代理人」。

　　這部反烏托邦電影隱喻了元宇宙的隱憂，人類過度沉溺代理化身，似乎活在完美的「第二人生」裡；久之，經常逃避現實世界的各種問題，如家庭、婚姻、人際溝通。加上創造代理人的科技企業，可能藉由演算法及作業系統，扭曲真實世界、掠奪隱私、控制心靈與認知、謀取權力與私利，這些現象已可見於當前社群媒體等網路世界。

取自網路。

⑥ 駭客任務

　　湯瑪斯・安德森表面上是個朝九晚五的電腦工程師，私下其實是個化名為尼歐的高超駭客。尼歐總覺得自己身處的世界有著難以言喻的不協調感，在他私下追查的結果，知道了這一切都跟被稱作「母體」的神秘事物有關。在另一名駭客崔妮蒂引導下，尼歐和傳奇駭客神秘人物莫菲斯聯繫上，想由他口中得知「母體」的真相。莫菲斯等人把尼歐帶到真實世界，使尼歐得知真實世界已經被電腦機器所佔領統治。

　　為了培養人類當成能量來源，電腦模擬 1999 年的人類世界（電影中的現實世界其實已踏入 2199 年）創造出虛擬程式世界「母體」，也就是尼歐過往所認識的世界。藉由和人體大腦神經聯結的連接器，使視覺、聽覺、嗅覺、味覺、觸覺、心理（六根）等訊號傳遞到人類大腦時都彷彿是真實的，以此囚禁人類的心靈。

　　電腦的虛擬世界完全取代真實生活是科幻小說中相當常見的題材，可見我們對元宇宙其實並不陌生，譬如《駭客任務》中的「母體」

就是一個超大型的元宇宙，只是一般人無法意識到自己身處之中，所以也無法脫離。

　　從網路誕生的那一刻起，元宇宙就被賦予終極期待，虛擬網路可能成為另一個真實世界。人類可以在元宇宙中化身為自己夢想成為的角色，自由地在其中進行各種互動。除了像《一級玩家》的名言「只有在真實世界能好好吃頓飯」以外，衣住行育樂在元宇宙都能進行，人們會在元宇宙中體驗另一個人生，在元宇宙中生產，也在元宇宙中消費。

取自網路。

　　元宇宙是一個自給自足的無限系統，從概念誕生至今，科幻電影中對元宇宙世界的描寫充滿了各自的想像，從這些電影情節中，我們也能發現一些共通之處，所謂理想中的元宇宙，不局限於娛樂、商業及社交等領域，它涉及範圍是無限的，而這些系統又相互形成一個完

整的社會。

我們對元宇宙的想像依託於現實世界，但又超脫於現實，將我們對可行的奇想賦予其中。例如，你可以與蝙蝠俠一起登上珠穆朗瑪峰、在迪士尼童話世界裡舉辦生日派對、結束一天的工作後在虛擬拉斯維加斯內發洩壓力，這都是元宇宙能帶給我們的一個縮影。

元宇宙帶來的技術革新將使現實生活更為便利，虛擬社會能進一步拉近距離，用數位化的形式消除地理與空間上的限制，好比《一級玩家》中，主角想要購買新衣服與新設備時，不需要現場試穿和試用，在虛擬世界體驗後便可以直接購買送貨上門；需要度假放鬆時，虛擬世界中的度假星球是最佳選擇，使用者可以任意前往欣賞埃及的沙漠風光與格陵蘭島的極光，這些都是元宇宙為現實社會帶來便利性的簡單體現。

在科幻電影中，AR/VR 是元宇宙最常見的表現形式，透過 AR/

VR 技術將現實與虛擬結合，將想像世界中的體驗回饋到人類的感官，提供更深層次的沉浸感。在 Facebook 的組織架構中，「元宇宙」產品團隊正隸屬於 AR/VR 研發部門。

元宇宙也打破了現實的局限性，遊戲帶來的原始魅力滿足了人類無窮盡的幻想，得以嘗試現實中無法完成的事情，且元宇宙可能進一步滿足並擴展這個需求。在元宇宙中，現實世界的時空觀都可以被打破，科幻電影中曾出現的場景，都可以在元宇宙中完美重現。

元宇宙還有一個重要特點是，它保留了網路世界獨有的匿名性，用戶可以拋開現實，擁有一個嶄新的身分，在虛擬世界不需要考慮現實中的任何束縛，獲得展現自己另一面的舞台。在元宇宙中，你可以扮演你想成為的人，無論是漫畫中的超級英雄，還是科幻電影中的異形，只要結合 AR/VR 帶來的體驗，使用者就能獲得更深層次的沉浸感。

而在科幻電影中，最初的元宇宙普遍是一個系統底層框架，它離不開一代代玩家的建設與參與才能讓其繁榮成長，對虛擬世界探索與建設的原動力來自於虛擬貨幣的獎勵，這也讓元宇宙內部形成一個可迴圈的內生態。

在現實世界可預測的未來中，元宇宙不會被單一的巨頭公司所壟斷，在多家公司共同組成的虛擬宇宙中，這種虛擬貨幣需要具備能被廣泛承認的公開性、透明性與安全性，現有的基於區塊鏈體系上的加密貨幣可能會是一個答案。

另外，元宇宙與當今的 VR 遊戲和 3A 沙盒遊戲區別的最重要一

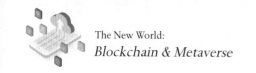
點是，元宇宙將虛擬世界和玩家社區結合成一個真正的小型社會，玩家不再是單純的體驗者，更是小型社會中的一分子，時刻為其他使用者創造內容。所有用戶的一舉一動，都將對整個社會產生影響，而虛擬宇宙就是由這些決策推動、不斷演化。單一用戶對宇宙的改變，將會對其他玩家產生直觀影響，在不同玩家的共同推進下，元宇宙的虛擬社群也會被賦予社會意義。

如《一級玩家》虛擬宇宙的創始人強調「綠洲」只是平台，不會給玩家設定強制的規則，內容的建設全交給玩家自己完成，得益於元宇宙中新身分的高沉浸感，元宇宙用戶群體間形成一個穩定的社區。而不同使用者在這些社區中經由生產內容、消費內容、破壞內容等行為產生強烈關聯，這也將成為新時代虛擬世界中的社交形式。

在這種情況下，使用者的種種行為不再是分割獨立的，社區給予其社會性的意義，玩家之間相互影響，並且擁有了共同建設社區的目標。玩家不再是單純遊玩遊戲，在虛擬宇宙內進行活動本身，也為這個虛擬社會創造了價值，賦予其社會性。

又好比小島秀夫製作的遊戲《死亡擱淺》，就是對遊戲社會性的一次實驗。這雖然是款單機遊戲，但每位玩家都可以在遊戲進程中為整個遊戲世界修路，遊戲世界的道路經由每位玩家的努力而建成，玩遊戲這個行為本身也為推動遊戲世界的完善做出了貢獻。

從科幻電影回到現實，當今我們離電影理想中的元宇宙差距是全方面的，不僅限於人機交互的 AI、世界底層的引擎系統、提供即時計算的算力，以及低延遲的網路系統等等，如今正在經歷一個從流於空

想到走入現實的元宇宙起步階段。

雖然技術壁壘有待突破，但基於元宇宙的永久線上、虛實融合的 3D 空間、人與人或人與物互聯和虛擬貨幣體系的這幾個特點，我們仍舊可以嘗試構建元宇宙雛形。其中，社交和遊戲無疑是目前最符合上述特性的兩大賽道。

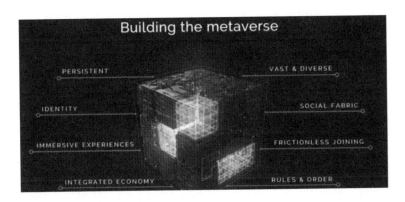

再來，我們從遊戲角度切入元宇宙。遊戲產業可以說是樂趣的代名詞，近年遊戲產業大規模發展，現在一提到遊戲，人們就會想到大量資金的投入。自從 Web 3.0 以來，該產業出現巨大成長，2019 年底全球遊戲市場價值 1,520 億美元，這意味著自從引入 Web 3.0，遊戲的成長速度在維持不變的情況下，將效益最大化，該領域收益很大，因而又吸引了更多新的開發者。

在過去，遊戲一直是一種單方面的關係，即只有開發者或遊戲所有者才能獲得經濟收益，玩家只能享受樂趣並繼續消費。如今已經引入一種新的經濟模式，2020 年行動裝置應用產業的使用者總共投入 1,430 億美元，其中遊戲應用高達 1,000 億美元的鉅額資金。

這意味著在安卓、蘋果的 Play Store 和 App Store 上投入的每一美元中，遊戲應用所佔份額高達 70%。據估計，未來仍有逾 1,200 億美元的資金投入遊戲產業。

到了 2021 年，遊戲模式轉變為邊玩邊賺錢。在 Covid-19 肆虐下，間接引發人們對邊玩邊賺遊戲的興趣，這不是假話，同樣的情況也適用於承載這些遊戲的虛擬世界，也就是元宇宙的雛形。邊玩邊賺的遊戲模式擁抱了開放經濟的理念，並在經濟上獎勵那些玩遊戲和在遊戲生態系統中投入時間而增加價值的使用者。

在過去，人們認為遊戲只是一種娛樂方式，但隨著新遊戲類型出現，原先這種看法正在發生改變。這些遊戲不僅好玩，而且是有吸引力的投資機會，許多大型風險投資公司在該行業投入了大量資金，全球遊戲行業的新增投資高達 96 億美元，有 24 家基於區塊鏈的遊戲公司共獲得了 4.76 億美元的投資。

Axie Infinity 和 The Sandbox 等邊玩邊賺遊戲開始流行起來，它們有一個共同點就是經濟體系。以傳統遊戲模擬市民為例，玩家可以用遊戲內的貨幣購買遊戲內的資產，但這些貨幣和資產在現實世界沒有價值，因為遊戲中沒有流動性基礎設施。另一款傳統遊戲魔獸世界內部也有市場，玩家可以購買遊戲內資產和交換角色，但這個市場非常鬆散，這時結合區塊鏈技術的邊玩邊賺模式就解決了所有問題。

邊玩邊賺的遊戲中，玩家可以建立新的數位資產，使用遊戲的基礎設施進行交易，並賺取遊戲內的虛擬貨幣，這些虛擬貨幣可以交換其他加密貨幣和法定貨幣。在過去，有許多遊戲支援線上社群的動態，

現在新增創造經濟收入的功能後，邊玩邊賺遊戲能讓社群變得更加活躍，目前這個利基市場還很年輕，投入、關注這些邊玩邊賺的遊戲，或許能從中獲益。

元宇宙時代估計將由 VR、AR 終端開啟，由虛擬娛樂應用慢慢推向繁榮。行動網路時代由 iPhone、3G 譜出前奏，從 iPhone4 正式開啟，並遵循技術進步→需求升級→應用落地→反哺技術的進展，行動網路產業的發展速度快於 PC 固網，PC 以 18 個月為週期反覆運算，而行動網路時代的終端硬體、軟體、應用、流量均以 6 個月為週期快速反覆運算，因而可以推斷元宇宙時代將以更快的速度演進。

遊戲是目前最貼合元宇宙定義的內容，沉浸感與多元化的相容度有望逐步提升，目前具備元宇宙要素的遊戲大致可分為 VR 遊戲、遊戲社區兩類，其中 VR 遊戲畫面精美、沉浸度高，但社交屬性弱、開放度低，代表作品有 3A 大作半條命：Alyx、多人線上射擊遊戲 Pavlov VR；遊戲社區開放度高、社交屬性強，但畫面較為簡單、沉浸度低，代表作品有 Roblox、Minercraft、Fortnite。

就 VR 遊戲而言，高 CP 值的配戴設備和有趣的故事體驗，推動 VR 遊戲步入成長期，在 2020 年前，VR 產業因設備銷售不佳，導致遊戲廠商缺乏挹注 VR 遊戲的動力，陷入內容匱乏、售價過高的惡性循環。但半條命：Alyx 上線後，該遊戲憑藉高品質遊戲建設、完整的劇情體系、豐富的互動場景，顛覆用戶對 VR 遊戲的印象，且新裝置 Oculus Quest2 的推出，更進一步激發用戶的興趣，據資料顯示，2020 年至 2021 年主流遊戲平台 Steam 的 VR 設備接入數量，從

150 萬台增至 300 萬台，翻倍成長，VR 遊戲用戶占比提升至 2.4%。

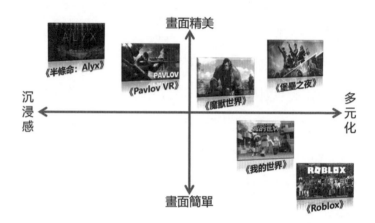

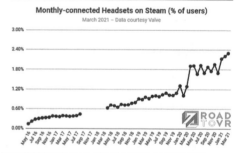

Steam 平台上VR 頭顯接入數量快速增長

Monthly-connected Headsets on Steam (# of headsets)
March 2021 – Based on data courtesy Valve

● Exponential trend R² = 0.968

數據來源：RoadtoVR

Steam 平台上VR 遊戲用戶占比快速提升

Monthly-connected Headsets on Steam (% of users)
March 2021 – Data courtesy Valve

數據來源：RoadtoVR

🚀 多方汲取元宇宙相關資訊

　　若想對元宇宙有更深一層的認識，平時可以多閱讀相關公司訊息，諸如騰訊、微軟、Facebook、蘋果、輝達等最新布局，以及區塊鏈、元宇宙相關媒體雜誌、書籍、財經新聞、商業市場、名人社群等。

1 相關公司

公司名稱	網址 QRcode	備註
騰訊		
微軟		
Facebook		現母公司稱為 Meta。
蘋果		
輝達		
字節跳動		
Google		

② 區塊鏈媒體：

公司名稱	網址 QRcode	備註
Bitcoin Magazine		為比特幣、區塊鏈技術和加密貨幣產業最悠久、最成熟的新聞和專家評論來源出處，也是第一本比特幣的出版物。2015年被 BTC Media 收購，但仍致力為比特幣和區塊鏈社群提供準確、即時的相關素材。
Cointelegraph		2013 年成立，是一家專業的區塊鏈產業媒體，報導涵蓋範圍包含區塊鏈技術、加密貨幣資產和新興金融科技趨勢，目標是向大眾分享有價值的訊息和教育，提高對區塊鏈技術的認識。
CoinDesk		有數百萬對區塊鏈技術感興趣的人會瀏覽他們的網站、社交媒體、新聞通訊和影音視頻。CoinDesk 創造了原始參考利率，稱為比特幣價格指數，被華爾街日報、金融時報、CNBC 等廣泛採用。每年也固定舉辦最大的區塊鏈共識峰會，相關產業人士必參與。
CCN (CryptoCoinsNews)		提供加密貨幣的新聞和文章，如比特幣、以太坊及區塊鏈領域的產業新聞。除了區塊鏈和加密貨幣新聞外，也提供加密貨幣市值、加密貨幣新聞、ICO 日曆、大紀事和其他資源等資訊。
鏈聞 ChainNews		鏈聞憑藉其遍布全球的豐富報導資源與數據挖掘能力，每日為 FinTech 金融科技菁英與決策者們提供區塊鏈資訊與深度分析。

金色財經		金色財經是集區塊鏈產業新聞、資訊、行情、數據、百科、社區等一站式區塊鏈服務平台，與騰訊、新浪、網易、今日頭條等數十家財經及科技媒體達成內容合作，有千餘家企業、自媒體、市場分析師進駐平台，每日產出 200 篇以上的內容文章，為區塊鏈產業中最具影響力的平台之一。
巴比特		創立於 2011 年，為目前中國最大加密貨幣、區塊鏈交流社群，現已發展成資訊內容平台、線下活動、孵化器、投資和區塊鏈技術落地應用於一體的生態系統平台。總用戶超過百萬人，遍及中國大陸、韓國、日本、美國、香港等國家和地區，有一個專門為全球設置的 8BTC 國際版，推動國際市場。 與其他新聞媒體相比，巴比特多為視頻影音，有基礎的區塊鏈知識科普，並採訪許多區塊鏈產業資深人士等。
Bitnews		提供區塊鏈產業重要新聞外，有專業 ICO 項目評析，並擁有許多熱門項目的最新資訊，用專業的眼光去剖析，點出優劣勢。另有幣種介紹，對於幣種的特點、路程圖、團隊成員、未來方向和應用層面上加以著墨，讓新手和投資者對幣種能有更進一步的了解。
動區動趨		為台灣最有影響力的區塊鏈媒體之一，其宗旨為加速推動台灣在區塊鏈產業革命和改革主流媒體在區塊鏈方面的資訊環境。每週固定舉辦線下活動，凝聚區塊鏈及加密貨幣社群，搭起產官學及實體社群的橋樑，建立一個更完整的產業生態環境。

區塊客		於 2017 年 4 月成立，廣泛整理全球區塊鏈資訊，增進全球華文閱聽眾及投資人對區塊鏈趨勢的了解。區塊客積極蒐羅並傳遞全球區塊鏈與加密貨幣的第一手資訊，剖析尖端新聞，專題評議關鍵話題，致力服務華文閱聽眾。
Zombit 桑幣筆記		旨在打造一個人人都可以輕鬆學習、資訊透明的區塊鏈及加密貨幣資訊平台，讓想學習區塊鏈技術或投資加密貨幣的投資者，能有個友善的入門管道。除每日發布精選新聞外，另有加密貨幣分析師的投資日報，以最專業的角度和銳利的眼光，進行市場趨勢分析。

區塊鏈相關課程

目前台灣有開設專業區塊鏈課程的首選，我想非魔法講盟莫屬。魔法講盟擁有全亞洲最頂尖的區塊鏈證照班、元宇宙趨勢班等相關課程資源，為亞洲頂尖商業教育培訓機構，全球總部位於台北，海外分支機構分別設於北京、杭州、廈門、重慶、廣州與新加坡等據點。

以「國際級知名訓練授權者・華語講師領導品牌」為企業定位，課程、產品及服務研發皆以傳承自 2,500 年前人類智慧結晶的「曼陀羅」思考模式為根本，不斷開創 21 世紀社會競爭發展趨勢中最重要的心智科技，協助所有的企業及個人落實知識經濟時代最重要的知識管理系統，成為最具競爭力的知識工作者，有系統地實踐夢想，形成志業型知識服務體系。

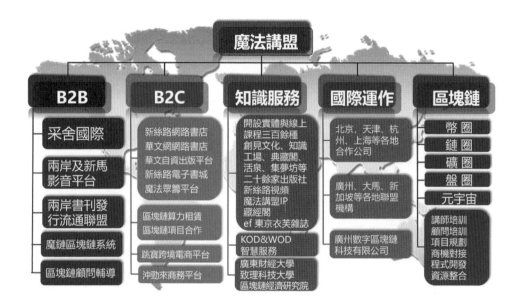

● 旗下采舍國際為全國最專業的知識服務與圖書發行總代理商，總經
銷 80 餘家出版社之圖書整合業務團隊、行銷團隊、網銷團隊，建
構全國最強之文創商品行銷體系，擁有海軍陸戰隊般鋪天蓋地的行
銷資源。

● 旗下擁有創見文化、典藏閣、知識工場、啟思出版、活泉書坊、鶴
立文教機構、鴻漸文化、集夢坊等 20 餘家知名出版社，中國大陸
則於北上廣深分別投資設立 6 家文化公司，是台灣唯一有實力兩岸
EP 同步出版，貫徹全球華文單一市場之知識「數位＋」出版集團。

● 集團旗下擁有全球最大的華文自助出版平台與新絲路電子書城，提
供紙本書與電子書等多元的出版方式，將書結合資訊型產品來推廣
作者本身的課程產品或服務，以專業編審團隊＋完善發行網絡＋多

元行銷資源＋魅力品牌效應＋客製化出版服務，協助各方人士自費出版了 3,000 餘種好書，並培育出博客來、金石堂、誠品等暢銷書榜作家。

➲ 定期開辦線上與實體之新書發表會及新絲路讀書會，廣邀書籍作者親自介紹自己的著作，陪你一起讀他的書，再也不會因為時間太少、啃書太慢而錯過任何一本好書。參加新絲路讀書會還能和同好分享知識、交流情感，讓生命更為寬廣，見識更為開闊。

➲ 新絲路視頻是魔法講盟旗下提供全球華人跨時間、跨地域的知識服務平台，短短 40 分鐘內看到最優質、充滿知性與理性的內容（知識膠囊），偷學大師的成功真經，搞懂 KOL 的不敗祕訣，開闊新視野、拓展新思路、汲取新知識，逾千種精彩視頻終身免費對全球華語使用者開放。

➲ 魔法講盟 IP 蒐羅過去、現在與未來所有魔法講盟課程的影音檔，逾千部現場實錄學習課程，隨點隨看飆升即戰力；喜馬拉雅 FM —新絲路 Audio 提供有聲書音頻，隨時隨地聆聽，讓碎片時間變黃金，不再感嘆抓不住光陰。

區塊鏈與元宇宙相關課程「區塊鏈與元宇宙之應用證照班」由國際級專家教練主持，即學‧即賺‧即領證，帶領學員一同賺進區塊鏈與元宇宙的新紀元。特別對接大陸高層和東盟區塊鏈經濟研究院的院長來台授課，是唯一在台灣上課就可以取得中國官方認證機構頒發的國際級證照，通行台灣與大陸和東盟 10 ＋ 2 國之認可，可大幅提升

就業與授課之競爭力。

　　課程結束可以取得大陸工信部、國際區塊鏈認證單位以及魔法講盟國際授課證照，因魔法講盟優先與取得證照的老師在大陸合作開課，大幅增強自己的競爭力與大半徑的人脈圈，共同賺取人民幣。

區塊鏈與元宇宙
課程連結。

　　在未來有三大趨勢，第一個趨勢是有關於健康大數據的產業，尤其是防癌的這個部分，第二個趨勢是 AI 人工智慧，第三個趨勢就是網路升級而成的區塊鏈。2017 年為區塊鏈元年，目前進入區塊鏈的時機是最恰當的，因為從落地應用、法律規範、產業需求都已經漸漸區塊鏈化，在區塊鏈化的時代下，培訓這產業是趨勢的先驅，也是每個年代需要傳承、跨界、應用所需要的重要管道之一，瞭解正確的科技應用，才能將區塊鏈的特性賦能應用在傳統產業上。

　　現在培訓業也非常競爭，在台灣已經有上百、上千間做培訓的公司，如果魔法講盟的產品跟他們相似度很高的話，那競爭力相對來講降低，所以講盟選擇目前還沒有培訓業進入的區塊鏈培訓市場。

　　魔法講盟董事長王晴天也是台灣比特幣教父（本書作者之一），為台灣最早挖礦的人，對區塊鏈並不陌生，多元結合了技術、落地、培訓、講師訓練，更於 2013 年出版了華文第一本《區塊鏈》，並發行為 NFT；且魔法講盟自 2018 年接觸到了許多的項目，也受邀到許多大型區塊鏈演講場次，綜合以上機會，認識了許多區塊鏈相關的人脈，有很多區塊鏈對接資源都已經成型，所以區塊鏈與元宇宙的培訓市場目前可謂魔法講盟獨有的市場。

相關師資的部分，邀請馬來西亞、新加坡多位專業講師，他們在區塊鏈及元宇宙相關領域都有深厚的基礎，也在市場上紮紮實實的運作過許多項目，目前是幾間大型公司區塊鏈與元宇宙領域的顧問。

王晴天於 2013 年出版的華文第一本《區塊鏈》與吳宥忠 2021年出版的華文第一本《元宇宙》均已製成 NFT，並順利完成交易。新書《區塊鏈與元宇宙》即為此二書的精華紀念版，也已製成 NFT 在 NFT 交易所交易中。

筆者二人也受邀擔任課程講師，分享加密貨幣多年的投資經驗給學員，每每課程分享的貨幣讓學員獲利不少，例如當時比特幣在 7,000 多美元的時候，王博士便呼籲大家趕緊入場，沒想到短短兩個月時間就暴漲至 15,000 美金，現在比特幣更創下歷史新高，近 7 萬美元。

魔法講盟在區塊鏈領域深耕數年，不管是培訓端還是市場端，都有不俗的成績，期許可以繼續為台灣的區塊鏈與元宇宙培訓盡一分心力，培養出更多的區塊鏈與元宇宙專業人才；當然還有與台灣其他區塊鏈培訓單位合作講課，既競爭又合作，形成良性的競合關係。

另外，魔法講盟也與中國火鏈學院配合，火鏈學院隸屬於深圳市火鏈互聯科技有限公司，旨在培養優秀的區塊鏈核心人才，以互聯網和行動網路研發人才需求為切入點，透過扎實知識基礎、鍛鍊專業技能、提升職業素養，全面提升人才的核心競爭力。

火鏈學院從供需兩端分析區塊鏈人才市場現狀，並預測區塊鏈人

才市場發展的趨勢，提升政府、企業、高校、人才等市場相關機構參考，共同促進區塊鏈人才市場和整體行業發展。

魔法講盟區塊鏈證照班自 2018 年開辦，國內外結訓的學員超過500 位學員，其中許多優秀的學員也跟隨魔法講盟培訓的腳步，成為區塊鏈與元宇宙的助理講師，更有多位已成為專業區塊鏈領域講師，並受聘於區塊鏈領域相關的大型公司，其他學員也有在各自領域加入區塊鏈的運用，相信在不久的將來必然大有進展。

所謂最好的老師就是市場，在課堂上所學的知識技能，到了市場上你會發現似乎不是當初想像的那樣，所以魔法講盟每期區塊鏈課程都會邀請市場上各領域的專家、學者、項目方、老闆等大咖前來課堂上分享，學員聽完各界分享，在進入市場前就會有個心理準備，比較

不會步入錯誤的坑，前人的經驗是何其珍貴，一般大咖、專家們不會隨便與人分享自己的經驗，全因魔法講盟在區塊鏈領域深耕很多年，自然認識非常多大咖，擁有市場上眾多資源，這些都是區塊鏈與元宇宙班學員堅強的後盾。

而且你知道近 5 年，台灣最大的求職入口網站中，職缺成長最快速的是什麼嗎？答案就是區塊鏈工程師，職缺數暴增 22 倍。另外現在企業徵才最在意的是什麼你知道嗎？答案是求職者具備的資訊力。

隨著新科技迭起，翻轉過往工作模式的「數位人才」，不論本身來自什麼科系，每個產業都求才若渴，企業的人才招募不再局限於「本科本系」，須具備的技能也不再是傳統升學體制中的專業，跨業、跨域、創新、整合的多工資訊人才，才是企業需要的。

LinkedIn 研究指出，最搶手技術人才排行，區塊鏈空降榜首，成為人力市場中稀缺的資源，台灣企業祭出 200 萬年薪徵區塊鏈工程師，中國百度、小米、京東、360、聯想等行業巨頭也紛紛開出高薪招聘區塊鏈工程師與賦能應用人才。

在不景氣的時代，斜槓區塊鏈絕對是為自己加薪的首選！尤其比特幣頻頻創歷史新高，放眼各國發展的趨勢、企業的應用，都是朝向區塊鏈，區塊鏈、AI、5G、元宇宙為現階段全球發展重點方向，只要能成為斜槓數位人，進入企業的敲門磚也就不難到手。

魔法講盟也結合廣州數字區塊鏈科技有限公司，對於全方位學習區塊鏈必備的基礎知識、工具、思維模式、資訊安全與最佳做法，規劃一系列深入淺出的課程，幫助學員打造出屬於自己的區塊鏈應用。

當前，新一輪科技革命和產業變革席捲全球，以區塊鏈、大數據、雲計算、物聯網、人工智慧、元宇宙為代表的新技術不斷湧現，數位經濟正深刻地改變著人類的生產和生活方式，大力發展數位經濟已成為全球共識。

　　隨著大數據和雲計算技術的興起和發展，全球每年產生的數據急速增長。數據儲存是基礎且關鍵的一項技術，向下可做為資訊留存的基礎設施，向上可建構商業模式，形成具體產品的核心資產。

　　區塊鏈的應用場景大致可分為加密貨幣、記錄保存、智能合約和資產通證等等；具體的還包括跨境支付、電子商務、投票、公證、智慧財產權保護、證券發行交易、眾籌、契約、擔保等各類社會事務。無論是公證、醫療、房地產還是物聯網領域，只要有過多的中間方參與，或是有著過高的中間成本和高資訊安全的需求，就有區塊鏈技術存在的必要。金融領域有大量的銀行、證券交易所等中間機構，對區塊鏈技術的巨大需求，也形成了目前對區塊鏈投入最多的領域，金融系統的去中心化將大大提高系統的運行效率。

　　全球各大金融機構也都積極參與區塊鏈項目的投資，在區塊鏈技術上加強研究，其中包括那斯達克、高盛、花旗、JP 摩根、瑞銀等。銀行等金融機構的基礎設施融合底層區塊鏈技術結合，將對現有的支付、交易、結算、KYC 的方式產生深遠的影響，提升其運作的效率。

　　區塊鏈的應用已從單一的加密貨幣，延伸到經濟社會其他領域，如金融服務、供應鏈管理、文化娛樂、房地產、電子商務等場景，區塊鏈技術的價值也漸漸得到各大企業的認可，快速引起各行各業及政

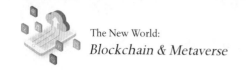

府的高度聚焦。

從金融領域逐步向其他產業延伸，包含數位交易、智能合約、產銷履歷、資產管理等。台灣在區塊鏈發展上，已有銀行業在金融科技（Fintech）有相關專案的應用及推動，預計未來除了在 Fintech 外，包括生產履歷、健康記錄、房仲交易、薪資支付等非密集交易的業務上，都將逐步運行實現。

台灣最強區塊鏈培訓體系結合 5G 的區塊鏈賦能與多種應用，透過破壞式創新，改寫商業規則，教你駕馭趨勢、朝著商業落地發展，打造新鏈結、新模式、新價值，借力使力，拉高勝率。如果你不想當韭菜，最好的方法就是了解它！

現在的社會不是快魚吃慢魚，也不是大魚吃小魚，而是知道賺不知道人的錢，早知道賺晚知道人的錢，所以知識的落差就是財富的落差，這句話只說對了一半，還有一半就是人脈的落差也是財富的落差，知識落差＋人脈落差＝財富落差。

所以，培訓課程一般會有三種目的，一為學習能力；二為建立人脈；三為自我激勵，這三種如果要論輕重，我會以能力為重；人脈次之；激勵為後，聽我細細分析如下。

① 學習能力

學習能力也就是學習相關技能，例如學英文、商業模式、元宇宙、區塊鏈、公眾演講、財商課程、業務銷售、公司管理、兩性溝通、瘦身減肥、運動養身、房屋裝修等，千奇百怪的課程都可以歸為學習能

力，也就是學習知識，建立自己的第二專長。

但你要學習未來有需求的技能，除非你是為了某種目的或基於興趣而去學習，不然建議學習未來有市場需求的能力為佳，你可以畫出 3 個圓圈，分別為有興趣的、被肯定的、可變現的（市場性），這 3 個圓圈交集處便是你的學習目標，也就是你的利基市場。

如果為了賺錢，找一個你被肯定的技能，例如做菜做的很棒，天生是當廚師的料，但你對做菜並沒有興趣，雖然能賺錢，但通常做不久，因為缺乏興趣就會失去熱情；如果找一個你有興趣又能被肯定的，但不易變現的技能去運作，你可能會餓死；那找一個能賺錢又有興趣的項目去做總可以吧？答案是不可以，因為你會沒有成就感，依據馬斯洛理論，這行你通常也會做不久。

最好選擇你有興趣的技能，而且這技能或是做出來的產品是被肯定的，又可以在市場上變現，符合這三項的技能或項目就值得去投入，這技能或項目如果又是未來趨勢，那你不發達都難。

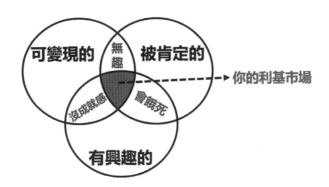

② 建立人脈

有些人上課的目的並非為了求知，而是想認識高端人脈，例如 MBA、EMBA 等，因為會去上這些課程的學生，大多是某些企業的高管或是知名人士，所以透過上此課程就可以與這些高管成為同學，進而衍生出非常多的賺錢機會。

③ 自我激勵

自我激勵的課程對我來說成效是最低的，通常筆者上激勵課程有效期大概 3 天，之後就迅速回歸到原本的我，但這是我的狀況，並不代表大家也是如此，所以激勵課程、心靈雞湯類的課程，我把它當作維他命一樣，有時間去上當然很好，沒時間去上也沒關係，但是如果在沒有時間的情況下，又還是得學習課程的話，我就會選擇學習技能及建立人脈的相關課程。

會來參加元宇宙與區塊鏈的課程，大概就屬前兩種人，第一種學員是對元宇宙與區塊鏈有興趣的，另一種是想要成功的人，所以這個課程結合了能力及人脈。魔法講盟區塊鏈的課程開辦至今，培養出許多優秀的人才，在市場上也有許多項目，課堂上常促成學員與學員之間合作，因為大家一起共同學習，對彼此都相當熟悉，跟市場上完全不熟悉的人相比，若和同學合作項目，自然多了一份信任感，而且有時還會互相介紹工作機會。

所以建立專業人脈非常重要，尤其在區塊鏈與元宇宙這麼新的項

目之下，每天的知識量和新聞很多，若能透過彼此分擔學習、分享所學心得，我覺得這才是最有效率的方式，而且可以增加自己的專業能力，可謂一箭雙鵰。

建構、學習、安裝相關 DApp 及網站

所謂師父領進門，修行在個人，學了一身功夫，不下市場練練是不會有所長進的，在進入市場前的準備是先學習相關的技能，學成之後便要開始進入市場，但在進入市場前有一個非常重要的步驟，就是建立一個屬於自己的電子錢包，虛擬世界裡的電子錢包就像真實世界的銀行，你在虛擬世界裡的資產都必須放到電子錢包裡，因此，進入元宇宙的第一步就是建立自己的錢包。

錢包有分冷錢包和熱錢包（交易所錢包），建議可以先從冷錢包開始，在此推薦 imToken、Trust Wallet 及 MetaMask 三個去中心化錢包，這三個錢包是筆者認為非常好用且非常安全的錢包。

① imToken（適合手機操作）

目前幣圈主流的錢包之一，操作介面也算簡潔，交易記錄容易查詢，操作上也易上手，實現一站式管理帳戶的理
財模式，使用者可以直接在 App 裡進行支出、收款的操作。imToken

還有很多其他實用性功能，比如資產管理、私鑰安全儲存，也支援多種錢包類型，輕鬆匯入匯出，多重簽名防盜，讓資產狀況一目了然，還能透過 imToken 關注全球各大交易所行情，設定價格提醒，功能相當多元。

另外，它們也提供閃兌功能，使用者不用特地出入金，可以直接在錢包中完成幣幣兌換，並提供質押功能，讓使用者可以賺取收益。

② Trust Wallet（適合手機操作）

最早是由 Viktor Radchenko 創立，2018 年時被幣安收購，現為幣安旗下的官方加密貨幣錢包，全球用戶數超過

1,000 萬人，可支持 40 條不同的區塊鏈，並提供 16 萬種加密貨幣資產進行交換。

內部設有 Web3 瀏覽器，可直接在錢包中搜尋各式去中心化應用程式 DApp，操作方式以手機 App 為主，支援蘋果和安卓系統，但目前蘋果系統上的 DApp 瀏覽器被移除，其他功能仍正常使用。

③ Metamask（適合電腦操作）

幣圈人必備的錢包，也是市場上主流的熱錢包之一，Metamask 幾乎支持所有項目網頁，支援手機 App 和網頁瀏覽器，交換貨幣時它也提供相關市場進行比價，

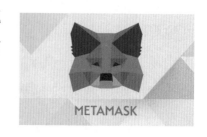

讓使用者可以找到較優惠的價格，若習慣使用電腦操作的人，建議選擇這款錢包。

處理好錢包，就要接著認識加密貨幣的交易所，它就如同真實世界的銀行，加密貨幣交易是一種業務，允許客戶將加密貨幣與其他資產進行交易，例如傳統的法定貨幣或其他加密貨幣。加密貨幣交易所可以是市場莊家，將買賣價差作為服務的交易佣金；或作為純粹收取佣金的配對平台。

交易所可以將加密貨幣傳送至用戶的個人加密貨幣錢包，亦有些交易所會將加密貨幣餘額轉換至匿名的預付卡，用戶可以於全球的自動櫃員機提取貨幣，有部分的加密貨幣是由現實商品支持的，比如黃金。

加密貨幣的創造者和交易所之間並沒有關係。在一類系統中，加密貨幣供應商為它們的客戶持有及管理帳戶，不會發行加密貨幣給客戶，客戶自行於加密貨幣交易所買入或賣出貨幣，並於加密貨幣供應商提供的帳戶進行存取。

部分交易所為加密貨幣供應商的子公司，但大多數交易所為獨立的合法企業，以下介紹台灣三大交易所以及全球最大的幣安交易所，這些交易所都是中心化交易所。

① 幣安交易所（Binance）

幣安由加拿大華裔工程師趙長鵬創建，是一家全球性的加密貨幣交易所，提供逾

百種加密貨幣交易，2017 年也 ICO 發行自己的加密貨幣。幣安是目前交易量最大的加密貨幣交易所，每秒處理約 140 萬筆訂單。

幣安的交易量比其他交易所大，代表交易所內的加密貨幣流動率佳，在此買賣會比較順利。舉例來說，若你想購買一種加密貨幣，但交易量很少的話就會很難買到，這也是選擇大平台的好處。

幣安的手續費也較其他交易所低，以最普遍的不同幣別兌換來說（幣幣交易），幣安只收取最高 0.1%、最低 0.02% 的手續費。這之間的手續費差異，會依照交易帳戶的交易量或幣安幣的持倉量劃分 VIP 等級，共有 10 級，若你的等級越高，交易手續費就越低。除等級之外，也會根據使用者為掛單者（Maker）還是吃單者（Taker），來給出不同幣幣交易手續費。另外，若使用幣安幣還享有額外交易折扣。

幣安交易所提供全球化交易，交易的加密貨幣也相當多，因此大部分貨幣投資人都會選擇幣安。它的安全性問題，並非來自交易的安全性，畢竟交易上它是全球最大，交易很安全，這部分如果存有疑慮的話，它不會成為最大的交易所。主要潛在風險是來自於技術性，由於區塊鏈仍是一種很新的技術，所有資訊也都存在網路上，加密貨幣的所有權也非實名制，因此資訊安全是最主要的考量。簡單來說，就是怕駭客。

幣安有特別加強交易平台的安全性，例如在註冊帳戶時，就要求使用者設置雙重身分驗證 2FA，只要登錄、交易或提取資金，都會向手機發送驗證碼，而網站也使用 CryptoCurrency 安全標準（CCSS）來保護帳戶。

② 幣託交易所

幣託 BitoEX 團隊於 2014 年
推出電子錢包 BitoEX，2017 年因
應客戶與市場發展趨勢，又打造了

加密貨幣交易所 BitoPro，支援台幣出入金服務，同時支援 2 個版本
的 USDT，分別為 ERC20 USDT 和 Omni USDT，另外也提供 ICO
項目在平台上進行代幣銷售的業務。

BitoPro 交易所平台代幣 BITO 可以參與 BITO 鎖倉，其每週將
手續費收益依照一定比例，以等值 USDT 分配給參與鎖倉的用戶，且
使用 BITO 幣來支付交易手續費，可享有 50% 折扣。除此之外，平
台還推出 TTCheck，能將一定價值的加密貨幣轉換成一組代碼（即
TTCheck），方便 BitoPro 會員之間流通使用。

③ MAX 交易所

MAX 是由 MaiCoin 團隊所打造
的加密貨幣交易所，支援台幣出入金，
並和遠東銀行替用戶的資產提供信託

保管，協助金流的驗證與確認。而 MaiCoin 於 2014 年創立，為台灣
第一家數位錢包、加密貨幣服務平台。

使用幣託、MAX 交易所的好處在於，可以直接使用台幣充值，
方便又快速，但若在假日充值，就必須等到銀行工作日才能完成作業，
但與其他國際知名交易所幣安等相比，直接使用台幣還是較便利。

　　因此，如果完全沒註冊過交易所，可以試著先註冊台灣幾間交易所使用，方便台幣的出入金。若想進階體驗更多功能，好比合約交易、流動性挖礦、槓桿代幣以及質押挖礦等功能，再考慮搭配申請其他大型交易所，幣安或 FTX 等。

④ ACE 王牌交易所

　　ACE 交易所致力於打造華人世界最專業的法幣、加密貨幣交易所，並積極培育優質區塊鏈項目，

其團隊來自於金融、資訊、行銷、區塊鏈等產業菁英，提供最安全的交易管道與最高規格的用戶體驗，與國際級律師事務所、會計師、大型銀行、監管單位及立法單位等密切合作。

　　ACE 交易所是 ABE（Asia Blockchain Ecosystem）旗下的交易所，而 ABE 生態系中包含全台唯一受經濟部中小企業處核准補助的「ABA 亞洲區塊鏈加速器（Asia Blockchain Accelerator）」。ACE 推出 ACE Point 的會員點數機制，持有 ACE Point 可提升用戶等級，享交易手續費優惠。另外，ACE 也發行平台幣 ACEX，除能用於交易手續優惠，並享有 IEO 項目認購折扣和電商平台結合等作為使用。

　　接著跟各位討論區塊鏈瀏覽器，相信絕大多數人都不曉得這是什麼，其實用一句話就足以說明：區塊鏈瀏覽器為區塊鏈網路中的搜尋引擎。

在加密世界中有 Bitcoin Blockchain Explorer 或 BTC Blockchain Explorer 等區塊鏈瀏覽工具，讓我們得以追蹤特定錢包地址於區塊鏈上所有的交易資訊，包括交易金額、資金來源、目的地以及交易狀態。

　　在技術上，區塊鏈瀏覽器使用 API 和區塊鏈節點對接，從區塊鏈網絡中獲得各種訊息，這些數據經過排列整理後，與該錢包地址有關的資訊將毫無保留地呈現出來。

　　區塊鏈的演進可以分為三個主要階段：第一階段以比特幣為代表，將區塊鏈建立起來；第二階段以太坊為主，以太坊是一個開源的公鏈平台，而以太幣就是基於以太坊的原生加密貨幣，目前以太幣為僅次於比特幣、市值第二高的加密貨幣。

　　區塊鏈的第三階段目標則是超級帳本，所有的交易記錄將留存在這個超級帳本中，待 Web 3.0 完成建設，加上 Web 2.0 為基礎，嶄新的應用場景將如雨後春筍般出現在我們的日常生活中，隨之而來的是億萬筆在區塊鏈上的交易，因此活用區塊鏈瀏覽器將成為必備的生存技能。

　　除了 Blockchain Explorer、Blockchair（比特幣、以太坊和比特幣現金的區塊鏈搜索引擎）、Tokenview（為 20 多個區塊鏈提供搜索工具）和 Etherscan（最著名的以太坊區塊鏈瀏覽器）都是很受歡迎的區塊鏈瀏覽器。

　　Etherscan 是以太坊網路最熱門的區塊鏈瀏覽器，你可以搜尋交易、區塊、錢包地址、智能合約以及其他鏈上資料，無論是確認交易狀態、查看最愛的 DApp 智能合約，Etherscan 都是不錯的選擇。

另還有一種瀏覽器 Blockchair，它是第一個將多種不同的區塊鏈整合至一個搜尋引擎中的區塊鏈流覽器，有興趣的讀者可以使用看看。CoinMarketCap 也有列出每種加密貨幣對應使用的區塊鏈瀏覽器，以比特幣為例，進入頁面後，點選「區塊鏈瀏覽器」，會顯示 5 個常用的區塊鏈瀏覽器，大家可以自行操作看看。

區塊鏈市場，不管是幣圈還是鏈圈，都是 24 小時不眠不休地運作，每分鐘都可能有快訊，加上交易所、項目方和貨幣數量眾多，所以要花很多時間去研究，但太多訊息同時進來時，又很容易腦容量爆炸，導致大家不知道哪個是真，哪個是假，剛踏入這塊領域時，都會有手足無措的感覺，所以筆者推薦幾個自己常用的工具，相信可以幫助大家快速彙整，並吸收正確的資訊。

① 非小號

非小號是最早開始收集區塊鏈資訊的平台，擁有非常多的幣種資訊、時事行情、趨勢分析資產記帳、時事

快訊，讓投資人跟用戶能從多元角度分析數據，也為加密貨幣玩家及媒體從業人員提供「有價值」的資料分析服務，共同推動相關應用的發展，建立一個良好的區塊鏈生態圈。

⮕ **查詢幣種資訊：**查詢幣種的基本資訊，比如發行時間、歷史價格走勢、在哪些交易所上線、哪些錢包支援欲查詢的幣種。

- 💡 **查詢交易所資訊：** 如何選擇交易所、交易所手續費多少、哪間交易所提供期貨服務，只要在非小號上搜索交易所名稱，進入交易所內頁即可查詢詳細資訊。建議大家儘量選擇排名較前的交易所進行註冊交易，資料審核更嚴格，交易所的安全等級越高。
- 💡 **行情資料分析：** 非小號為大家提供全面又專業的行情資料，諸如合約資料、多空對比、新幣上市、鏈上資料、大單監控等行情分析所需的重要資料。

② CoinMarketCap

CoinMarketCap 可以查詢全球加密貨幣與全球交易所的基本資料，包含官方網站及白皮書，還可以查詢加密貨幣價格、交易圖表、歷史交易數據、加密貨幣持有人地址、儲存貨幣

的加密錢包、加密貨幣新聞⋯⋯等等，功能非常強大。

該網站有按交易量計算龐大的全國加密貨幣各個市場排名功能，你可以得知上市幣種與交易所，在 24 小時內的「市場匯率、市值、圖表呈現」，包括「加密貨幣成交量與過去的市場數據變動」，以及「國家貨幣匯率換算」。

③ Dune Analytics

Dune Analytics 是一個強大的區塊鏈分析平台，可以用來查詢、

提取，並將海量的以太坊資料圖像化，透過簡單的 SQL 便能直接從資料庫查詢以太坊資料，不必再寫一個

專門的指令碼，使用者可以輕易查詢資料庫，提取區塊鏈上的資訊。

④ CoinGecko

CoinGecko 提供加密貨幣資訊、DeFi 貨幣資訊、資產管理及加密貨幣新聞的功能。在它的首頁可以看到總市值前 100 名貨幣的即時資訊，包含匯率、漲跌和交易量等，

能助你了解當前加密貨幣市場的趨勢；另也可連結各大交易所（錢包）的 API 功能，提供加密資產投資人一個資產管理的平台。

用 VR/AR 設備，暢遊虛擬世界

VR 虛擬實境是近年興起的全新體驗，只要透過 VR 眼鏡並搭配專為其推出的影片、遊戲，就能享有身歷其境的震撼感受。HTC 的 VIVE 以及 Oculus 與 SONY 等品牌，都相繼推出對應家用遊戲主機或電腦的 VR 眼鏡；另外也有可透過手機呈現影像的簡易型穿戴裝置，只是這些商品價格差距極大，功能也不太相同，一時之間真的很難找到適合的款式。

目前市場較為知名的商品大概以 Cardboard、Galaxy Gear VR、PlayStation VR、Oculus 與 HTC Vive 這幾個品牌為主。雖然都是 VR 眼鏡，但功能與設計上都不盡相同，可根據預算與需求找到適合的款式型號，整理如下：

品　牌	特　點	介　紹
Cardboard	適合新手體驗的便宜款式。	若以體驗 VR 頭戴裝置的角度，Cardboard 算最容易入手的商品，只要將透鏡與厚紙板加以組合，於夾層中放入手機即可運作。Google 也提供模板讓想體驗的人可以自行 DIY，已切割組裝好的成品，也只要 200 元左右，即便很陽春，但如果只是想觀看 VR 影片的話，已十分足夠。
Gear VR	CP 值高，操作性、質感兼優。	Gear VR 是專門為 SAMSUNG 智慧型手機開發的 VR 虛擬頭戴裝置，只要放入已經連上網路的 Galaxy 系列手機就能使用，完全不須設定，就算是不熟悉的新手也能輕鬆操作。跟連接電腦的 VR 眼鏡相比效能不高，但基本的觸控面板與陀螺儀一應俱全，也可搭配控制器等配件，在合理價格下，將操作性與品質最大化。
PlayStation VR	搭配 PS4 即可享有虛擬實境體驗。	想要擁有比智慧型手機還優良的 VR 體驗，可以考慮 PlayStation VR，只要有 PS4 或 PS5 主機就能使用 PS VR，讓房間搖身一變成為 VR 空間。且除了遊玩 PS4、PS5 的 VR 遊戲外，也能播放 VR 影片與動畫。

Oculus Rift	VR 產業先驅，遊戲表現極佳。	Oculus Rift 效能強大，重量相當輕巧、能貼合臉部，就算甩動也不容易掉落，穩定性極佳。但此款 VR 眼鏡對於電腦的規格要求較高，須符合他們的規格才能享有舒適順暢的體驗，光購入一台高規電腦就要花費一筆資金，若再加上眼鏡本體，更是所費不貲，所以建議評估一下是否需要如此高階的商品。
HTC VIVE	具備強大性能與相容性。	PC 市場最大的遊戲平台 Steam，其 VR 遊戲的推薦裝置就是 HTC VIVE，它的效能表現堪稱旗艦級，尤其是動態追蹤的效果，只要將配件擺放定位，就能在 $5m^2$ 的空間中自由移動，快碰到牆壁時也會出現警告訊息；再加上多樣化的無線周邊設備，能夠完全沉浸在虛擬世界中無法自拔，但若要使用這款 VR 眼鏡，也需配備高規格的電腦。

　　隨著 PS4 正式支援 VR 與穿戴設備的普及，VR 遊戲快速地在遊戲玩家之間博得廣大人氣。只要配戴專用設備，就可感受宛如實際置身於遊戲世界中的沉浸感，此種全新型態的遊玩方式，幾乎讓人不想回到現實，相信各位體驗過就知其箇中樂趣！

　　如今除了遊戲廣泛使用 VR 外，近期 VR 也趕上防疫商機，Covid-19 對全球造成影響，許多公司現在都不希望員工到公司上班出差，甚至直接要求員工在家遠端辦公，於是有科技公司推出「VR 遠端視訊會議」的服務，一次可以容納 20 人即時互動，預估將帶動 VR 市場 2,300 億的商機。

① Facebook 會議工具：Workrooms

隨著 Facebook Horizon 計畫的進行，除虛擬世界中的社交情境外，會議討論也隨著 Workrooms 這款應用程式的發布得以落地。會議可以透過 VR 在虛擬會議室中達成面對面溝通、一同發想討論、分享簡報的訴求。會議中也允許非 VR 的使用者以視訊畫面的方式參與，來創造高度沉浸的互動會議空間。

VR 市場上的社交、會議軟體其實已有非常多，例如 Altspace、Glue、Meeting Room、Venus 等，有許多會議軟體都能做到多人同步、即時討論、筆記或會議等功能，那 Facebook 所推出的 Workrooms 有什麼創新的地方呢？

就筆者自己用過 VR 會議工具的經驗，許多軟體其實都有些美中不足，比方說帳號整合、傳檔案很麻煩、無法快速記錄、操作性不佳、功能不完整等，但 Facebook 結合 Quest 最新的功能，設計了許多新穎的互動，來解決過往其他 VR 會議工具的問題點，Workrooms 善用了許多硬體上的感測技術，像桌面的量測、鍵盤辨識，讓整個會議過程能更為完善。

以下列出 Workrooms 幾點特色：

◆ **解決 VR 文字輸入效率：**使用 VR 時都會遇到文字輸入的問題，早期是以雷射筆慢慢點選虛擬鍵盤，每每需要輸入密碼時都很麻煩，為解決這個問題，Facebook 在 VR 中透過攝影機捕捉到真實鍵盤，並利用實體鍵盤在 VR 中輸入的技術，讓打字速度提升。

⊘ **讓任何平面、空間都可以變成工作區：**Quest 在創建遊玩空間範圍時，讓你可以在 VR 中看見家裡的沙發並且坐著玩，並可以測繪桌面的大小與高度，讓你在 VR 中得到一張一模一樣的桌面，結合前面辨識鍵盤的功能，你得以在 VR 中自然地使用筆電。

⊘ **善用觸覺回饋，創造虛實整合的作業環境：**Facebook 新推出的手寫版功能和白板功能，手寫功能除了能夠透過控制器提供筆的握感外，也能夠真實地貼在平面上寫字，這樣在會議時不論是快速打字記錄，還是要即時做圖討論的需求都解決了。而白板功能則可以讓使用者在一面空氣牆上做手寫繪圖，讓會議的臨場感滿滿。

⊘ **整合跨電腦和 VR 的操作體驗：**在使用時 Workrooms 會有電腦版的操作平台，有類似 Teams 可以創建工作群組和預先建立會議的功能，也可以上傳檔案、議程備註、網址連結，讓你在虛擬會議室可以即時把資料調出來，在會議室中將目前要討論的檔案透過電腦進行畫面分享，會議連結也可連動個人的 Google 行事曆。

⊘ **即時同步的會議室環境：**如同平常的視訊會議一樣，可以即時看到

VR 裡的對方在幹麻以及聽到語音，在 Workrooms 中除了透過 VR 的方式加入外，非 VR 使用者也可以用視訊鏡頭的方式加入，除了可以挑選安排不同的座位配置外，其他人與你對話時，會自動套用嘴唇同步以及眼神會看向你，聲音也會配合座位從對應的方位傳過來，創造更真實的社交互動體驗。

② 微軟的 Mesh for Microsoft Teams

微軟發表 Microsoft Mesh 混合實境（MR）平台，讓身處異地的人可以透過不同裝置，享受尤如置身於同一地方互相分享的體驗，並宣布將在旗下的網上會議軟體 Teams 上推出 Mesh for Microsoft Teams，以此作為用戶進入元宇宙的入口。

微軟形容 Mesh for Teams 是元宇宙的入口，而元宇宙就是一個持久的數位世界，有著人們、地方和事件的數位變生體。微軟也比喻元宇宙是網路的新版本或新願景，一個可以讓人們透過任何裝置，以個人虛擬形象聚集在一起交流、協作和分享的地方。

用戶可以透過個性化頭像，以虛擬形象登入會議，不需要整理儀容和模糊背景，就能在會議中保持自己的存在，且不用打開鏡頭也可以透過人物頭像和其他用戶進行眼神交流，用現場反應表達情緒，會議過程中，還可使用 Office 365 現有文檔和內容，直接在虛擬空間進行共享和協作。

微軟指出，經由虛擬形象建立關係後，也可以在其他元宇宙空間裡透過虛擬形象見面，輕鬆交流。

Mesh for Teams 將在 2022 年上半年進入預覽階段，用戶可以以個人化的虛擬形象參與會議，也可以選擇以動畫或照片形式呈現，企業也能創建類似於物理空間的品牌沉浸式空間，如會議室、設計中心和網路。

 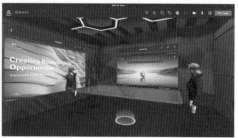

進入虛擬世界的投資市場

要在元宇宙中投資，涵蓋的領域實在太廣了，其中不乏加密貨幣和 NFT（非同質化代幣），有關加密貨幣及 NFT 前面章節都已跟各位討論，現在則來討論一下進入市場應有的心態。

投資加密貨幣永遠記得一句話：「短期市場無法預測，長期市場

無需預測」，目前區塊鏈衍生出的加密貨幣也不過短短 10 年左右，加密貨幣真正爆發熱潮則是在 2017 年，距今也不過 4、5 年，所以我認為只要是排名前 10 的幣種，除穩定幣外，將來仍有很大的漲幅機會。

據資料統計，目前全世界也不過近 6,000 萬人擁有加密貨幣資產，2025 年預估會有 10 億人，屆時加密貨幣的漲幅應該非常可觀。

短期要預測某一個貨幣的漲跌是非常有難度的，不論是用技術、量化、價值判斷等工具，畢竟加密貨幣很容易受到黑天鵝或灰犀牛的影響，而產生暴漲或暴跌的情況，所以短期是無法預測的，有很多不可測因素；但長時間來看，加密貨幣市場絕對是看漲的，可以看看加密貨幣的歷史走勢圖，短時間的漲跌幅或許非常可怕，但只要將時間拉長來看，你可以看到一條長期向上的曲線。

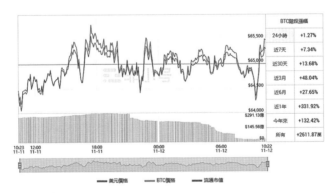

24 小時的漲跌。

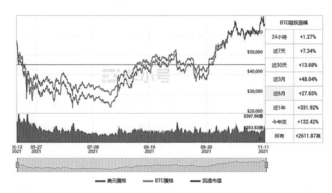

半年的漲跌。

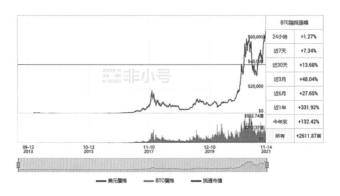

五年的漲跌。

　　投資加密貨幣要能賺錢，除了持有時間長短的要素之外，投資加密貨幣也建議只投資主流貨幣，因為交易所的深度或是市場的流通性較高，在交易的時侯才容易成交。小額的錢可以投資風險高的小幣種，至於多少的錢叫做「小額的錢」，這點因人而異，大約就是你用來投資金額的 1/10，或是這筆錢損失丟了，也不太會讓你心疼的，大概就是「小額的錢」，但是切記投資千萬別借錢投資；投資千萬別借錢投

資；投資千萬別借錢投資，這點非常重要所以要重複 3 次。

　　加密貨幣漲跌幅的週期目前大約為 4 年，如果投資加密貨幣是在短時間的進出市場，根據統計賠錢的機率高達 97%，只有 3% 的賺錢機會，但那 2% 賺錢的背後並不是人，而是 AI 機器人在操作。

　　因此，短期進入市場買賣加密貨幣基本上都是賠錢的，據調查統計，短期交易贏率 3%，賠率 97%；中期交易贏率 20%，賠率 80%；長期交易贏率 98% ，賠率 2%。這裡要提醒一點，投資加密貨幣最好在穩健的平台或帳號上，例如合法合規的交易所，並持有超過 12 個月，這樣你的稅收也會減半（視各國稅務法規），過於頻繁的交易對投資者非常不利，像我自己就有 3 個錢包來做資產分配，分別是短期、中期、長期的規劃。

觀察

風險程度：中
投資概念：未來有發展，目前被忽略
持有時間：0.5年
買進幣種：******

日常

風險程度：低
投資概念：平常價格高、有價值、前50大
持有時間：1年
買進幣種：******

養老

風險程度：極低
投資概念：前10大
持有時間：5年↑
買進幣種：*******

 短期錢包（觀察錢包）

　　➷ **用於**：短線套利。

　　➷ **投資金額佔比**：1/10。

- **操作模式**：主要是投機用，例如社群流行什麼幣種就跟著買，若是有內線消息、短期操作的話題，或剛好在風口上的貨幣。
- **標的幣種**：空投幣種。
- **操作時間**：短則幾分鐘；中則幾天；長則數月。

② 中期錢包（日常錢包）

- **用於**：買奢侈品、買房、買車等。
- **投資金額佔比**：4/10。
- **操作模式**：持有的時間至少會一年以上，若遇到價格突然暴漲，就會分批獲利了結，賺到的錢會有一半轉移標的幣種，並進入長期錢包，剩下一部分繼續持有。
- **標的幣種**：以前 10 大貨幣為主，或是針對價值被低估，但未來性極佳的貨幣，以及前 100 大貨幣。
- **操作時間**：以半年起跳。

③ 長期錢包（養老錢包）

- **用於**：養老、退休規劃。
- **投資金額佔比**：5/10。
- **操作模式**：買進的貨幣幾乎只進不出，至少持有 5 年以上。
- **標的幣種**：以前 10 大貨幣為主。
- **操作時間**：基本上 5 年以上，大多只進不出。

當然這些錢包的幣種有可能相互調整，但是這個機會畢竟不高，3個錢包的資金分配的比重也不盡相同，這裡我就不公布我的分配比重金額，每個人承擔風險的能力不同，對於比重的金額請各自調整，至於每個錢包分配哪幾種幣種，我只會針對區塊鏈班的學員分享，畢竟他們有學過區塊鏈，也知道如何做風險管控。

　　有人常問我說：「現在加密貨幣的價格，適不適合進場呢？」，我無法直接回答你適不適合進場，因為我不了解你，不清楚你的狀況，如果草率地給建議是不負責的行為，加上每個人的能力和條件不同，但我可以跟你分享一般評估進場投資的條件有哪些。

📷 你是新韭菜嗎？

📷 你會判斷價值支撐點嗎？

📷 你了解有何風險嗎？

📷 你了解比特幣的價值和漲跌邏輯嗎？

📷 你知道其他貨幣嗎？

📷 你的年紀多大？

📷 你收入穩定嗎？

📷 你的投資性格為何？

📷 你對投資的知識充足嗎？

📷 你在短（長）期是否有大資金的需求？

📷 你是否有投資過加密貨幣？

📷 你對比特幣的了解程度？

◉ 你目前所持有的投資項目有哪些？

◉ 你投資加密貨幣的目標是什麼？

◉ 你目前可以動用的閒置資金有多少？

◉ 你有了解投資比特幣虧錢的原因是什麼嗎？

◉ 你有投資策略或規劃嗎？

◉ 你有哪些購買管道？

◉ 你對手機或電腦系統的操作熟悉嗎？

　　至少要知道以上這些訊息，才有辦法給你投資建議，畢竟提供建議要承擔的風險非常大，我碰過太多案例，很多人在市場上賺錢時不會想起你，可一旦賠錢就會找你負責，當然我相信你不是這樣的人，但我只是要保護自己，你肯定也想保護自己辛苦賺來的每一分錢。

　　如果對投資加密貨幣有興趣，我會建議你來上區塊鏈相關課程，而不是去上項目方的課程，因為他們只會單一地描述美好並鼓吹你投資，他們的目的就是要先把你的錢賺到。若你真想踏入這塊領域，應該從區塊鏈原理開始學習，原理雖然很無趣，但只要你理解其中的關係，有了區塊鏈通盤的知識，才具備足夠的判斷力，投資貨幣獲利的機率獲利也會比較高。

　　市場上那些賠錢的小白，通常都只了解區塊鏈的一小部分，就把家當全部梭下去，結果變成美味的「韭菜」，成為有錢人墊高資產的「墊腳石」，如果不小心賺了錢，那通常就是「運氣」比較好而已。我們無法想像出任何沒有體驗過或看過的東西，所以你永遠賺不到超

出你認知範圍之外的錢，除非靠運氣，但靠運氣賺到的錢，往往又會被實力虧掉，這是一種必然的過程。

你所賺的每一分錢，都是你對這世界認知的變現，而你所虧的每一分錢，也是與這世界認知的缺乏，這個世界最大的公平在於，當一個人財富大於自己認知的時候，這個世界就會有一萬種方法來收割你，直到你的認知與財富匹配為止，所以，能在幣圈賺錢的因素非常多，但學習永遠擺在第一位。

以下我整理出投資加密貨幣賠錢的 10 大原因，只要能避免犯錯，賺錢的機率自然就提高了！

- ⬇ 追高賣低。
- ⬇ 頻繁操作的虧損。
- ⬇ 買在相對的高點。
- ⬇ 臨時需要用錢不得不賣比特幣。
- ⬇ 你了解的程度不夠。
- ⬇ 覺得比特幣漲太慢，賣掉換其他山寨幣。
- ⬇ 被項目方割韭菜（生息錢包）。
- ⬇ 存交易所被盜。
- ⬇ 忘記錢包、密碼、私鑰助憶詞。
- ⬇ 轉錯錢包。

投資加密貨幣賺錢其實不難，總結就只有三條，這投資心法被稱

為「耶律哥投資心法」，耶律哥投資心法是來自聖經故事的啟發，聖經故事中的一場經典戰爭，勢如破竹攻破固若金湯的城市，靠的不是武力，是信心；投資虛擬貨幣心法也是同樣的精神，就是相信、嚴格紀律、耐心等待。

① 相信趨勢

相信數位的加密貨幣是將來金融體系的主流，相信區塊鏈能讓網路再提升，相信比特幣將來的價值絕對超過現在數倍，相信未來絕對是去中心化、去中間化、去信任化為主流。

② 嚴格紀律

投資這檔事紀律相當的重要，不能因為價格便宜就全部梭下去，價格高就完全不去買，因為你不知道價格的高低發生在什麼時候，某一部分的心態要像投資基金一樣，定期定額的投入，不要管市場行情是高還是低，只要在固定時間做固定的投資即可。

③ 耐心等待

加密貨幣的週期大約 4 年，有的人買了比特幣過兩天就想要翻倍成長，很多人買在高點卻賣在低點，就是因為一方面不相信市場；二方面沒有耐心等候，所以耐心的等候也是投資致勝的關鍵之一。

你也可以參考紅綠燈法則，與巴菲特曾說的「別人恐懼時我們貪

婪，別人貪婪時我們恐懼。」有異曲同工之妙。

想像一個場景，你開著車，路況順暢，沒有前車也沒有塞車，300 公尺處有一個紅綠燈，請問這時你會希望遠處的紅綠燈呈現什麼顏色呢？我相信大多數人會講出「紅燈」，因為 300 公尺開過去時，紅燈也該轉為綠燈了；反之，如果遠處是綠燈，那 300 公尺的距離開過去大概也會變成紅燈，這就是投資的紅綠燈法則。

也就是說當市場一片繁榮（綠燈）時，你就要考慮踩煞車；反之，市場蕭條（紅燈），每個人都對市場沒有信心，那這時你反而要踩油門向前邁進，如此才有可能搶到絕佳的先機。

🔁 **紅燈：**臨危不亂。

🔁 **黃燈：**謹慎觀察。

🔁 **綠燈：**見好就收。

🚀 如何在元宇宙中賺錢？

在元宇宙賺錢有很多種方式，如相關硬體開發製造，平台設計，資源對接，虛寶創作者、發行 Token、NFT、遊戲等作品及解決方案，也就是說現實世界的商業模式，幾乎都可以用另一種數位資產模式在元宇宙中獲利，但目前的技術及環境要從真實世界平行轉移到元宇宙還需很久的時間，目前可以馬上在區塊鏈及元宇宙中製造出來的

297

有 NFT，所以特別講解一下如何將你的作品製作成 NFT，並在平台 OpenSea 上架（建議用電腦操作）。

① 準備少許以太幣

多虧 OpenSea 在 2020 年底發布新功能「Collection Manager」，用戶只有一開始需要繳一筆初始化費用和 Gas Fee＊，後續每次你創建 NFT 或賣出作品時，無須再付 Gas Fee。

Gas Fee 是浮動的，當時我被收取的費用大約是 0.05 枚 Eth，不過在 2021 年 4 月初，OpenSea 宣布將支援 Immutable X，期望透過 Layer 2 的解決方案，可以不必再繳交高額的 Gas Fee。

② 註冊錢包（以 MetaMask 為例）

Metamask 錢包是 Chrome 的加密貨幣插件錢包，能在 Chrome、Firefox、Brave、Edge 瀏覽器中使用，MetaMask 只支援顯示 Eth，但能保存其他 ERC-20 的幣。MetaMask 也可以用來參加 ICO（Initial Coin Offering），又稱為首次貨幣發行，是一種籌措資金的方式，一家公司若想籌集資金來創建新的虛擬貨幣或服務，就可以推出 ICO 來募集資金，讓有興趣的投資人購入。

＊ Gas Fee：要在不同的銀行帳戶之間轉帳，必須要支付手續費。同理，區塊鏈的礦工將你的交易打包，並放上區塊鏈時，這過程中會消耗區塊鏈的運算資源，所以要支付一筆礦工費，也就是 Gas Fee。

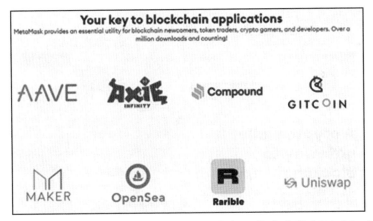

以上這些應用也需用到 MetaMask 錢包，請先安裝 MetaMask
錢包。

開始註冊錢包吧，請上網搜尋「MetaMask」，連結至他們的網頁。

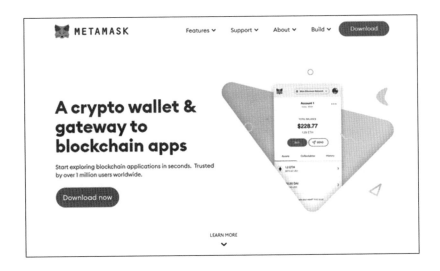

接著點選右上角的「Download」下載。

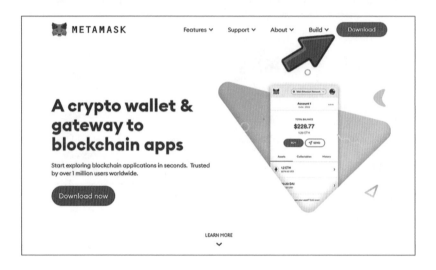

請選擇你正在使用的瀏覽器，如果你使用的瀏覽器是 Chrome，那就點選 Chrome。

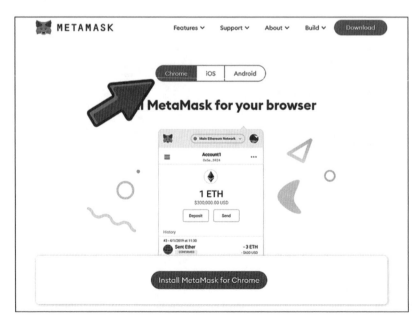

然後點選下方的「Install MetaMask for Chrome」進行安裝。

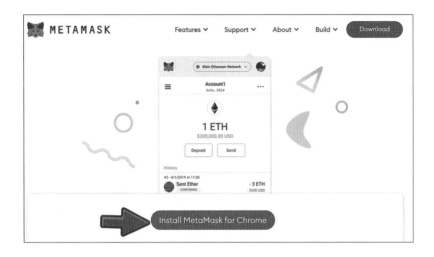

點選「加到 Chrome」。

接著選擇「新增擴充功能」，系統會開始安裝。

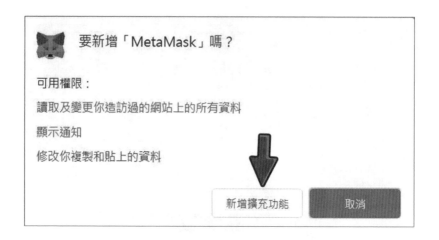

安裝好後，點選「開始使用」。

接下來開始創建你的 MetaMask 錢包，請點選右邊的「創建錢包」，若已經創建過錢包的人，那就只要匯入即可。

　　網頁會跳出視窗詢問你是否願意協助讓 MetaMask 更好，要點選「I Agree」才能繼續創建錢包。未來如果換電腦或是下載手機版，只要輸入 12 字助憶詞即可匯入錢包，就可以看到並使用你原先錢包裡的加密貨幣資產了。

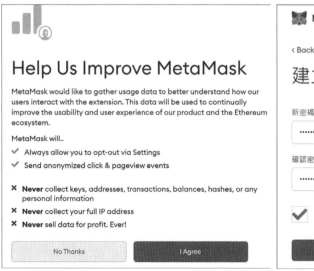

接下來會出現一個專屬你錢包的助憶詞，總共 12 個英文單字，請務必要把這 12 個英文單字按照順序寫下來，並好好保存，若忘記助憶詞，那你錢包裡的加密貨幣就找不回來了。MetaMask 助憶詞超級重要！忘記助憶詞等於你錢包裡的加密貨幣消失！

千萬不要讓別人知道這組助憶詞，對方若知道這組助憶詞，他就可以擅自登入錢包，拿走你的加密貨幣。

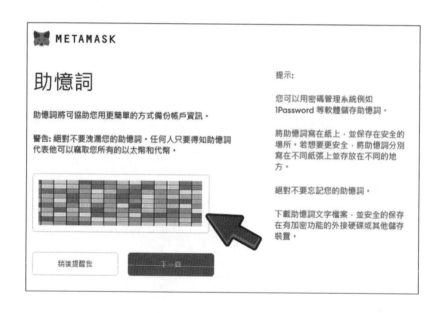

系統會再次確認你是否備份助憶詞，要你按照順序點選助憶詞，避免有些人沒有把助憶詞記下來發生悲劇。

確認完記錄助憶詞後，錢包就創建完成了！

　　未來只要點選 Chrome 瀏覽器上方的狐狸圖案，就會出現你的
MetaMask 錢包。

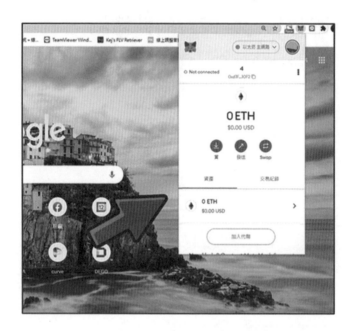

③ 登入 OpenSea 帳號

　　2021 年有許多公眾人物瘋迷 NFT，且他們使用的 NFT 交易所大
多都是 OpenSea，例如周興哲、余文樂……等。那為什麼他們都選擇
使用 OpenSea 作為購買 NFT 的平台呢？

　　OpenSea 是一間綜合型 NFT 交易所，裡面上架的 NFT 種類豐
富多元，無論是遊戲、影音、還是網域名稱，都可以在 OpenSea 上面
找到。另外，OpeaSea 背後的投資者也大有來頭，包含幣安交易所與
Coinbase，且 OpenSea 是目前所有 NFT 交易所中，操作門檻最低的

交易所之一，因而成為眾人首選，當然除了 OpenSea 外，Rarible 也很適合新手，但下面教學以 OpenSea 為主。

　　註冊 OpenSea 只要透過你的加密貨幣錢包，不需要 E-mail、帳密或其他個人資訊。請先連結至 OpenSea 的官網，然後點選右上方的人頭圖示。

　　接著會要你選擇連結哪個錢包，支援 MetaMask、Coinbase Wallet、WalletConnect、Fortmatic 等 4 種錢包，我覺得最好用的是 MetaMask，所以我就用 MetaMask 錢包登入。

登入成功後，進入你 OpenSea 個人頁面，請上傳你的照片和一些基本設定，完善你的個人頁面，這樣才算完成登入。

④ **上架你的第一個 NFT 作品**

請回到 OpenSea 首頁，點選中間的「Create」來創建 NFT。

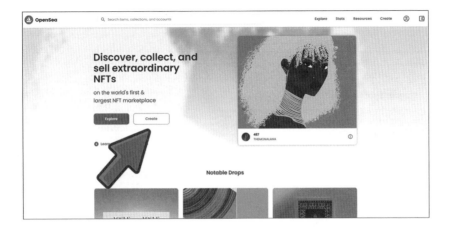

一樣會詢問你要登入哪個錢包，我使用 MetaMask 錢包登入。

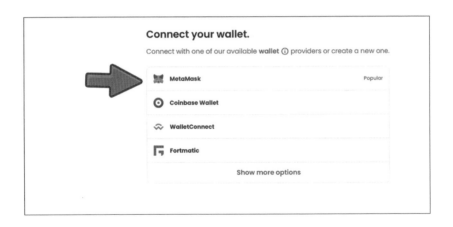

接著跳出 MetaMask 錢包，請點選「簽署」。

準備上傳你要製作的 NFT 檔案，但檔案規格有限制，NFT 檔案必須是圖像、視頻、音頻或 3D 模型，支援的文件類型為 JPG、PNG、GIF、SVG、MP4、WEBM、MP3、WAV、OGG、GLB、GLTF，檔案大小限制為 100 MB。

將你的數位作品上傳至平台，然後再替你的 NFT 配上一個最酷的 Logo、名稱和簡介就大功告成了。你也可以設定標籤功能，這有點類似檢索，讓使用者在搜尋時用來篩選自己想逛的 NFT 品項，屆時會顯示在上架頁面的左下方。創建時，如果又跳出 MetaMask 的視窗，只要再按一次簽署就可以了。

這時你的 NFT 就上架完成了，接著進行下一步在 OpenSea 上公開販售囉！

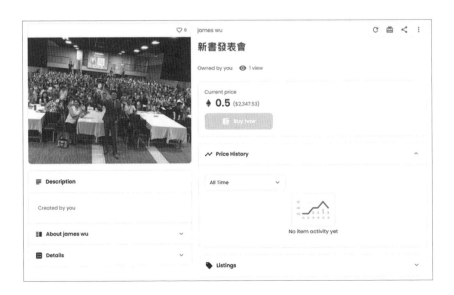

⑤ 販售

作品公開後，你可以選擇販售的模式，請按下右上角的「Sell」，提供 3 種銷售模式讓你選擇。

◉ **Set Price**：自己設定價格，也可以設定販賣時限和最終價格，若都沒有成交，那系統會在期限內，從你設定的初始價格逐漸遞減到最終價格，有一點像清倉特價拍賣的概念，讓你的 NFT 被交易的機率提高。你也可以指定給某一人購買，只要勾選 Privacy，只有你核准的人可以交易。

◉ **Highest Bid**：這是大家最常聽到的拍賣方式，由出價最高者得標。不過 OpenSea 平台有規定最低成交金額為 1Eth，所以即便有人競標，但價格沒有喊到 1Eth 的話，你的 NFT 是無法完成交易的喔。

◉ **Bundle**：與其他 NFT 項目搭配成一個組合販售。

每項 NFT 作品被成功交易時，OpenSea 會自動收取 2.5% 作為手續費。另外，OpenSea 也有推出 Bounties 機制，讓仲介協助你媒合交易，成功賣出這件作品時，平台會自行從 2.5% 的手續費中，依比例分配獎金給仲介，不會額外跟賣家收錢。

選擇完你的銷售方式後，按下藍色鈕「Post Your Listing」，這時小狐狸又會跳出來了，因為首次在 OpenSea 上發行 NFT 時，OpenSea 會要求你支付一筆費用與 Gas Fee。這裡提醒一點，那就是 Gas Fee 是浮動的，若有很多人交易，區塊鏈較為忙碌時，Gas Fee 的收費會比較高。

但你可以依照需求稍作調整，點進「Edit」頁面中，可以看到慢、平均、快三種選項，如果你不急著販售，那可以選擇「慢」，Gas Fee 的成本會低一些，但等待時間就會長一些，再進階一點的操作，你還可以調整 Gas Price 和 Gas Limit 的比例。

基本上，除非你本身已有知名度，或是作品真的非常優秀、idea 創新，亦或搭上什麼熱議的話題，足以讓你的作品爆紅，否則 NFT 作品要被看見、賣出其實是很有難度的，畢竟在 OpenSea 上架的商品數量非常多，且和其他完全主打藝術品的平台相比起來，內容的類型與品質較雜，若你有看到更適合自己的平台，那就在你相中的平台上架

吧，不是只有 OpenSea 一個選擇。

開始賣 NFT 前，你也別忘了先準備一筆「入場費」，但必須是數位加密貨幣才行，若你是幣圈或鏈圈新手，對加密貨幣不太了解，那務必多做些事前功課，你也可以參閱筆者其他針對區塊鏈的著作，相信能助你了解這個領域。

而且現在以太坊的 Gas Fee 非常高昂，雖然近期以太鏈升級後價格有降低，但金額還是算高，若你要上架自己的 NFT，你要做好心理準備，因為不知道何時才能回本。最近有社群在討論建構於 Tezos 鏈上的加密藝術平台 hic et nunc，它的手續費比以太坊低很多，有興趣的朋友可以去了解看看。

我們這代人真的很幸福，好比醫療、科技、糧食等問題，在過去都是大到難以解決的嚴重問題，現在卻只要一顆藥丸、一台手機就可以輕鬆解決，更無法想像未來會發展、進步到什麼境界，因為元宇宙的誕生是人類另一個「奇異點」的爆發，奇異點以我們人類現有的智慧，無法臆測、想像未來的場景會如何變化。

所以，我們也不用去臆測未來元宇宙將如何發展，我們只要好好調整心態、勤奮地學習新知、多參與元宇宙相關活動，你自然會有所體悟，因為在真實世界，唯一不變的就是「變」，更別說由數位孿生所創造出來的元宇宙，元宇宙的變化速度絕對是真實世界的數百甚至是數萬倍，唯有建立正確的心態和學習新知，你才有無懼的勇氣去面對充滿未知的未來。

元宇宙 股份有限公司
Taiwan Meta-Magic

★ 台灣最大 NFT 發行・經紀總代理商 ★

　　非同質化代幣（NFT，Non-Fungible Token）係
基於以太坊上 ERC-721 或 ERC-1155 兩種通證（通證即
Token，一般譯為代幣）協議而發行，屬於智能合約的應用範
籌。

　　使用區塊鏈技術簽訂的去中心化智能合約不能被竄改、且完全公開
透明、也不會停止運作，等於沒有人能夠改變智能合約的內容與永續（陸譯：
可持續）之執行，智能合約的價值可為合約雙方提供更好的保障與強制力。以
太坊上的這些協議 ERC（Ethereum Request for Comments）都是智能合約。

　　NFT 具有不可替代性，所以每個 NFT 都是獨一無二的。每個 NFT 最小單位
就是 1 枚，無法再分割成更小的單位。因每一枚 NFT 都具有其獨特性且有區塊鏈
防偽功能，因此成為區塊鏈・元宇宙世代的一種數位（陸譯：數字）資產。可以
將每一枚 NFT 想像成一枚獨一無二的數位式郵票，可放大 N 倍後仔細觀賞，因
此畫作等藝術品最適合做成 NFT。

　　由王晴天博士擔任董事長的(台灣)元宇宙(股)公司則
以華文傳統書法與特殊紀念性圖書、影片、音檔以及照片
等影像為 NFT 起點，已發展為台灣最大的 NFT 經紀、
總代理發行公司。歡迎朋友們一起來合作，共創未
來大業！

無敵元宇宙，盍興乎來。

　　　　最大 NFT 發行・經紀總代理商
　　　　最大區塊鏈・元宇宙教育培訓中心
股份有限公司 Taiwan Meta-Magic

台灣總部：新北市中和區中山路二段 366 巷 10 號 3 樓
連絡電話：886-2-22487896　886-2-8245-8318
www.silkbook.com　www.book4u.com.tw

元宇宙股份有限公司股權認購

「天使輪」股權認購權益憑證

憑此憑證可於 2023 年 6 月 30 日前以
40 元 / 股 認購元宇宙之股權
最低認購股數 1,000 股

認購流程：

第一步 ▶ 確認認購天使輪價格為 **40** 元 / 股

第二步 ▶ 匯款至「元宇宙 (股) 公司法定代表人」，帳號如下
國泰世華銀行中和分行　　戶名：王寶玲
帳號：045-50-613843-8

第三步 ▶ 將匯款單傳真至 02-8245-8718 或 mail 到 jane@book4u.com.tw

第四步 ▶ 請打電話至 02-8245-8786 與會計部蔡燕玲小姐確認

關於股權的相關問題，可諮詢元宇宙培訓高專蔡秋萍小姐→ hiapple@book4u.com.tw

申購者姓名		身份證字號	
聯絡電話		**Email**	
聯絡地址			
認購數量	股	申購金額	
匯款日期		匯款帳號後5碼	

COUPON優惠券免費大方送！

COUPON優惠券免費大方送！

創見文化，智慧的銳眼
www.book4u.com.tw   www.silkbook.com